本当によくわかる JavaScriptの教科書

はじめての人も、挫折した人も、
基礎力が必ず身に付く

ENTACL GRAPHICXXX

SB Creative

本書に関するお問い合わせ

この度は小社書籍をご購入いただき誠にありがとうございます。小社では本書の内容に関するご質問を受け付けております。本書を読み進めていただきます中でご不明な箇所がございましたらお問い合わせください。なお、お問い合わせに関しましては以下のガイドラインを設けております。恐れ入りますが、ご質問の際は最初に下記ガイドラインをご確認ください。

ご質問の前に

小社 Web サイトで「正誤表」をご確認ください。最新の正誤情報を下記の Web ページに掲載しております。

本書サポートページ

URL https://isbn.sbcr.jp/95150/

上記ページの「正誤情報」のリンクをクリックしてください。なお、正誤情報がない場合、リンクをクリックすることはできません。

ご質問の際の注意点

- ご質問はメール、または郵便など、必ず文書にてお願いいたします。お電話では承っておりません。
- ご質問は本書の記述に関することのみとさせていただいております。従いまして、○○ページの○○行目というように記述箇所をはっきりお書き添えください。記述箇所が明記されていない場合、ご質問を承れないことがございます。
- 小社出版物の著作権は著者に帰属いたします。従いまして、ご質問に関する回答も基本的に著者に確認の上回答いたしております。これに伴い返信は数日ないしそれ以上かかる場合がございます。あらかじめご了承ください。

ご質問送付先

ご質問については下記のいずれかの方法をご利用ください。

▶ Webページより

上記のサポートページ内にある「この商品に関するお問合せはこちら」をクリックすると、メールフォームが開きます。要綱に従ってご質問をご記入の上、送信ボタンを押してください。

▶ 郵送

郵送の場合は下記までお願いいたします。

〒106-0032
東京都港区六本木2-4-5
SBクリエイティブ　読者サポート係

はじめに

✔ JavaScriptなどのプログラミングの知識はゼロでOK
✔ JavaScriptの基礎を丁寧にわかりやすく解説
✔ Webサイトでよく見る高品質の機能を手軽に作れる

なにかを調べたり、購入したり、多くの場面でインターネットを活用することは今や当たり前となりました。そして、そのインターネットを活用する環境はスマートフォンの普及により、さらに身近に感じるようになりました。

JavaScriptはさまざまなところで使われているプログラミング言語です。本書を手にとっていただいた方も、Webサイトを作りたい方、アプリケーションを作りたい方など、それぞれ違った目的がおありかと思います。本書はJavaScriptの入門書として、JavaScriptの基礎を学びたい方や、はじめてプログラミングをしてみたくて手に取った方に向けて執筆しています。

難しく感じる専門用語ももちろん出てくるかとは思いますが、決して暗記するようなことではありません。もちろん用語も大事ですが、どのように記述していくのか、よく見るあの仕組みはどのようになっているのか、一緒に少しずつ学んでいけたらと思っております。

よく見るおしゃれなサイトを作りたいと思ったけど、どうやれば、どこからはじめればいいのかわからない。そんな時は、まずは基本から学んでみましょう。

自分が作りたいものの糸口が見つかるはずです。

手にとっていただいた皆さんのきっかけになりますように。

2018年5月　ENTACL GRAPHICXXX

本書の使い方

読み方

本書は以下のようなページ構成になっています。JavaScriptの基礎をとことん丁寧に、やさしく解説しています。時流のWebサイトに揃っている機能を作成するところまで丁寧に解説します。

読み方説明

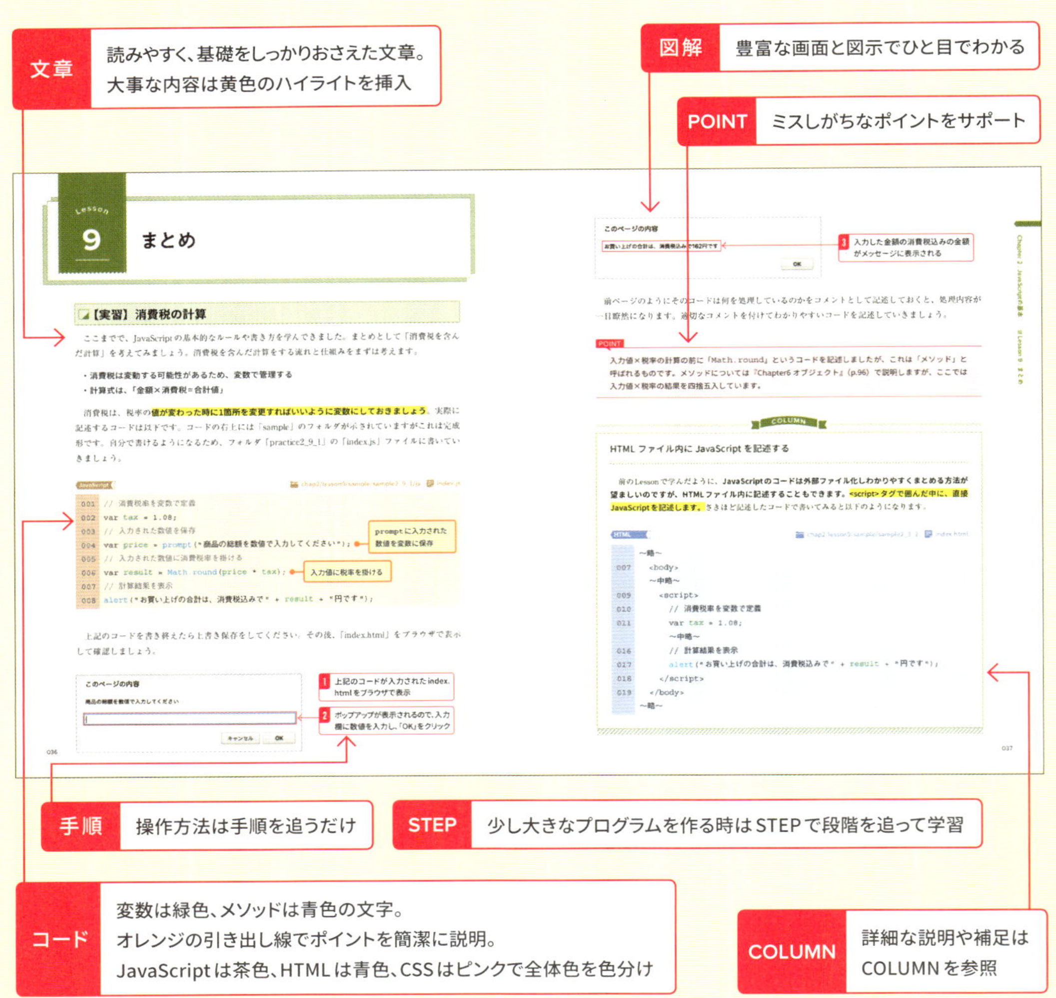

作成できるWebサイト

本書を読み進めていくと、最終的に下記のWebサイトが作成できます。

ハンバーガーメニュー

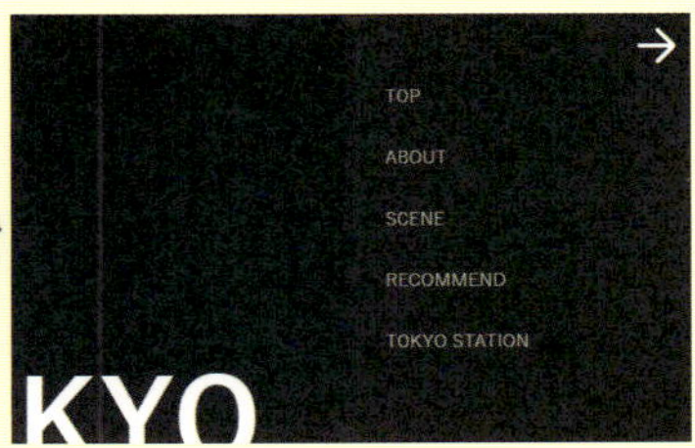

スライドショー

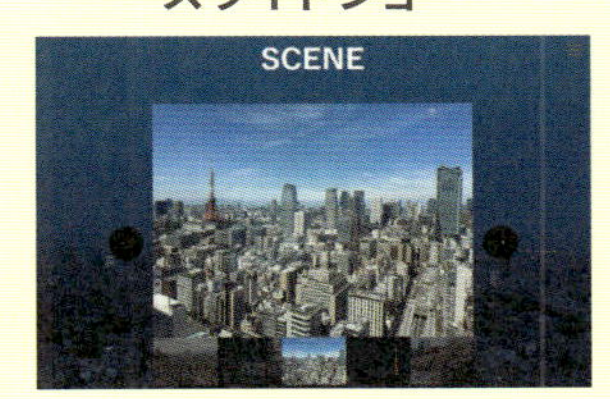

スライドボタンで移動

サムネイル画像で移動

ポップアップリンク

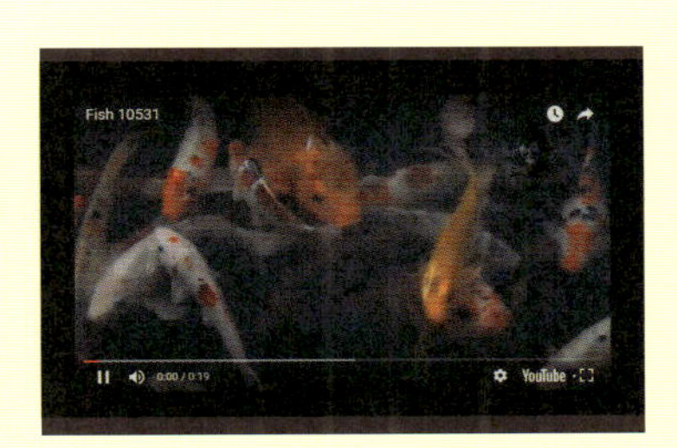

Youtube動画や画像をポップアップで表示させることができます。
その他、HTMLや簡易ギャラリーを表示させることも可能です。

地図

拡大・縮小

航空写真

サンプルファイルの使い方

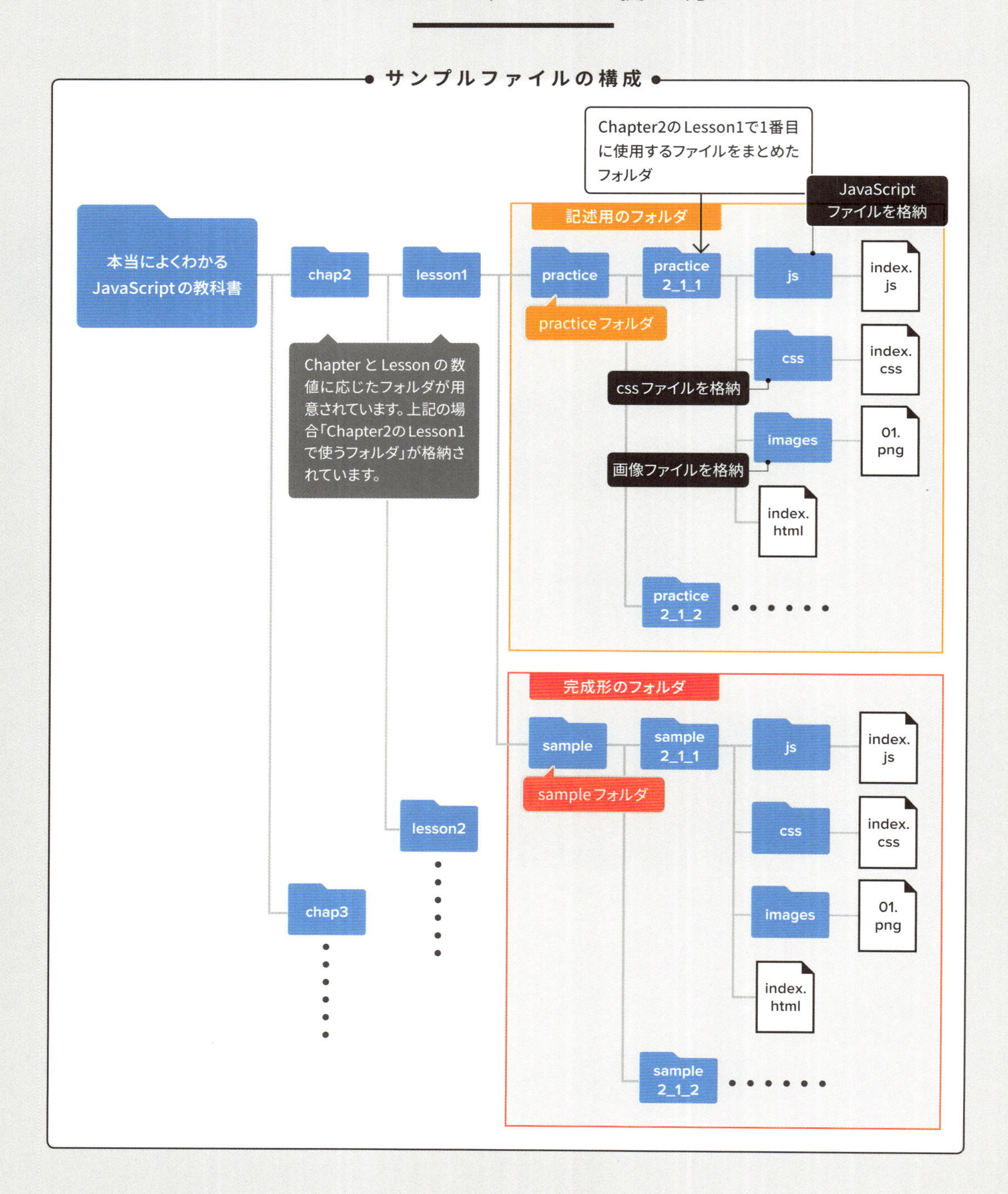

ダウンロードについて

サンプルファイルのダウンロードはp.227を参考におこなってください

使い方

まずは本書に記述されている手順に従って、コンソール（p.14）にコードを書いていきましょう。完成形が「sample」フォルダにあるので、わからなくなったり正解が見たい時は参考にしてください。

Chapter2のLesson8から、ファイルにコードを書いていく場面が生じます。「practice」フォルダに準備されているファイルにコードを書いていきましょう。どのファイルに何を書けばいいのかは本書に記述されている手順に従って書いていけば作成できます。

「practice」フォルダがある場合はそちらに格納されているファイルにコードを書いていくようにしてください。

自分で書いたものがうまく動かない場合は「sample」フォルダに完成形があるので参考にしてください。

サンプルファイルの場所がわからなくなった時は…

コード掲載欄の右上を見ましょう。

JavaScript　chap9/lesson2/practice/practice9_2_1/js　index.js

格納フォルダ　ファイル名

```
001 $(function(){
002   $(".weather").css("color", "#ff7c89");
003 });
```

Contents

Chapter 3 条件分岐 41

Chapter 4 繰り返し 63

Chapter 5 関数 81

Chapter 6 オブジェクト 93

Chapter 7 イベント 111

Chapter 8 スライドショーの作成 125

Chapter 9 jQuery 139

Chapter 10 Web API 179

Chapter 11 複数の機能を1つのWebサイトにまとめる 201

Chapter 1

1

JavaScriptとは

まずは、JavaScriptとは何かを知り、
JavaScriptを記述していく環境を作り、
本書で学んでいく準備をしていきましょう。

Lesson 1

JavaScriptの概要

JavaScriptとは

JavaScriptは「**世界中でもっとも使われているプログラミング言語**」といわれていて、古くからあるプログラミング言語の一つです。

私たちは日常的にインターネットを使っていますが、具体的になにをしているかというと、ブラウザを通してなにかを検索したり、見たり、聞いたりしていることがほとんどです。

このような**ブラウザでの動作の多くは、JavaScriptを使用して作られている**といっても過言ではないでしょう。

図 JavaScriptの例

Webサイトの中でちょっとしたアニメーションでキャラクターが動いたり、通販サイトでなにかを購入する時にページを移動しないでカートに商品を入れることができたり、会員登録サイトで使用されているユーザー名がすぐわかったり、単純なWebサイトに彩りを加えたりしている部分にJavaScriptは使われています。

また、JavaScriptはHTMLやCSSと同じ書き方をする部分もあるので、HTMLやCSSの知識がある人には、とっつきやすい言語です。

JavaScriptでできること

JavaScriptはWebサイトを構成する要素に対して命令を実行させることができます。要素とは、HTMLやCSSを学習している人にはおなじみの、タグとタグで囲まれた内容、つまりはWebサイトを構成する骨組みの一つです。JavaScriptが要素に命令する内容にはさまざまなものがあります。いくつかの例を見てみましょう。

図 JavaScriptが要素に命令する内容の一例

例えばスライドショーですが、HTMLの画像の要素を取得して置き換えをし、画像を変更する命令や、クリック毎に写真を切り替えるなどのユーザーのアクションによって意図した動作を命令しています。

意識したことはないかもしれませんが、私たちがよく見るWebサービスでも多くのJavaScriptが使用されています。ほとんどの人が利用したことがあるかと思いますが、Googleの画像検索でもJavaScriptが使用されています。

図 Google画像検索のローディング

キーワード「ねこ」で検索すると、画像がたくさん表示されますね。下の方にスクロールしていくと「ローディングマーク」がぐるぐると表示され、さらに画像が読み込まれていきます。

このような時は「ページ下までスクロールしたら画像を○○件読み込む」という命令がJavaScriptによっておこなわれているのです。

POINT

HTML5やCSS3を使うことで、JavaScriptを使わずに一部のアニメーションなどを実装することもできます。

HTMLとCSSとJavaScriptの違い

JavaScriptについて説明しましたが、HTMLとCSSとの違いはイメージできるでしょうか？　それぞれどういった仕組みなのか、ここで一旦整理しておきましょう。

表 HTMLとCSSとJavaScriptの違い

項目	説明
HTML	Webサイトの文書構造を作る
CSS	HTMLにスタイルを付け、Webサイトの見栄えを作る
JavaScript	Webサイトの動きを作る

イメージしづらい場合は、HTML、CSS、JavaScriptを本に例えて考えてみましょう。

- HTML（本に書かれている文章）
- CSS（文章の行間や装丁などの装飾）
- JavaScript（ページをめくるユーザーの動作）

一つのWebサイト（本）はこれらの要素が加わった結果のもので、私たちはそれらを見ているということになります。

図 HTML、CSS、JavaScriptは一冊の本であらわすことができる

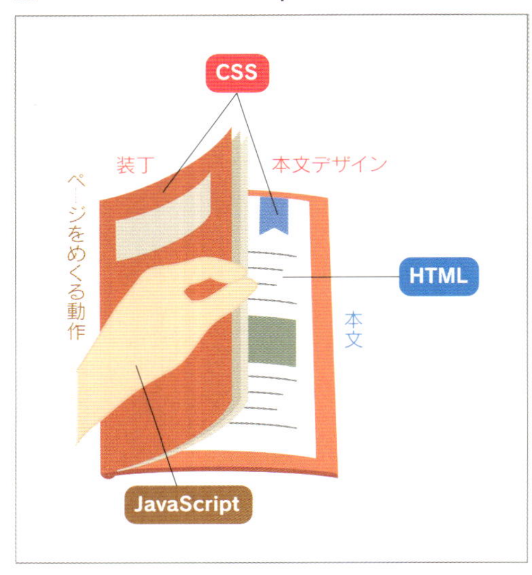

Lesson 2 JavaScriptの制作環境の準備

JavaScriptを学んでいくにあたり必要な制作環境を準備しましょう。ここでは最低限必要な、ブラウザとテキストエディタのインストール方法を説明します。

ブラウザのインストール

まずは、動作確認をするブラウザをインストールしましょう。

主なブラウザにはGoogle Chrome、Safari、Microsoft Edge、Mozilla Firefox、Internet Explorerなどがあります。ここでは利用シェア率の高いGoogle Chromeをインストールします。

ただ、あるブラウザでは表示される内容が別のブラウザでは表示されないなど、ブラウザによる差異が生じることがあるので、サイトを公開する場合では、少なくともGoogle Chrome、Safari、Microsoft Edgeについては、動作確認をおこなうようにしましょう。

Google Chromeのインストール（Mac）

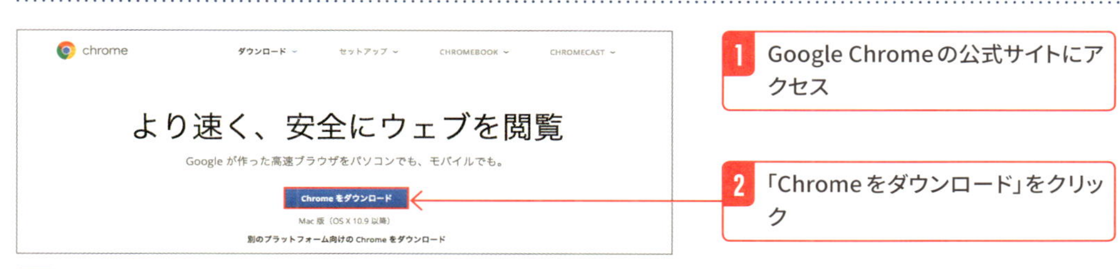

URL https://www.google.co.jp/chrome/

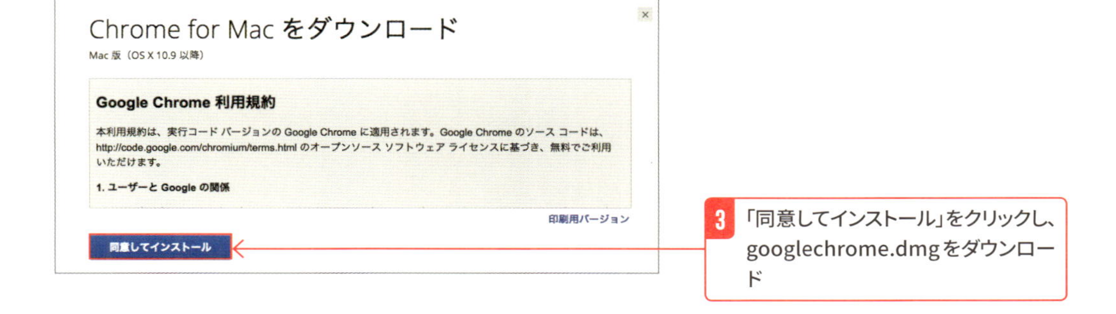

Google Chromeが起動し、インストールは完了です。

Google Chromeのインストール(Windows)

URL https://www.google.co.jp/chrome/

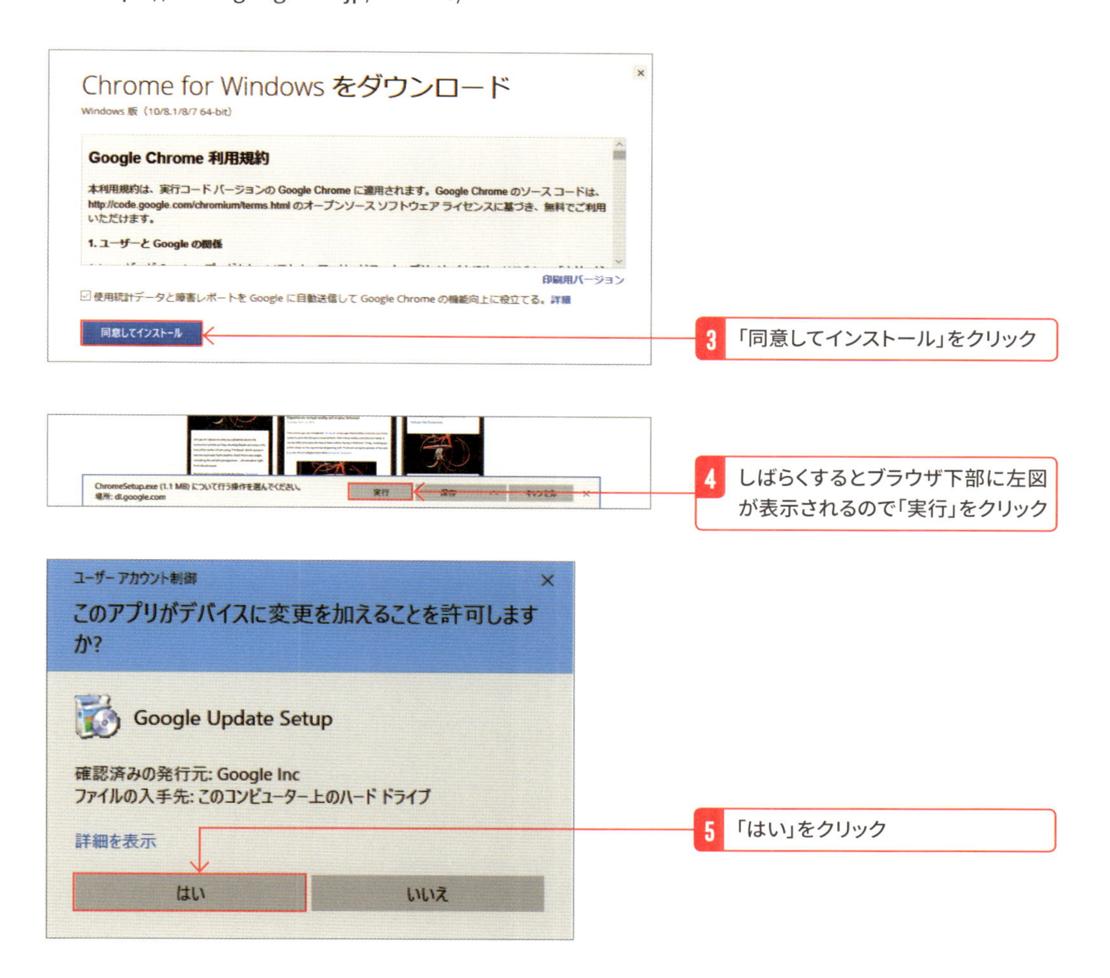

Google Chromeが起動し、インストールは完了です。

テキストエディタのインストール

次は、JavaScriptのコードを書いていくテキストエディタをインストールしましょう。便利で無料で使える「Brackets」をおすすめします。

BracketsはAdobe Systems社が開発しているオープンソースのテキストエディタです。Web制作用に作られているだけあって、Brackets自体もHTML、CSS、JavaScriptで作られています。それにより、エディタ自体を自由にカスタマイズすることが可能です。

また、デフォルトで備わっている「クイック編集」（HTMLファイル内で指定しているクラスに対応するCSSの内容を直接変更する機能）や「ライブビュー」（リアルタイムに編集できる機能<Google Chromeのみ対応>）、色味や画像のプレビュー機能などがあり、かゆいところに手が届くエディタです。

Brackets | http://brackets.io/

Bracketsのインストール（Mac）

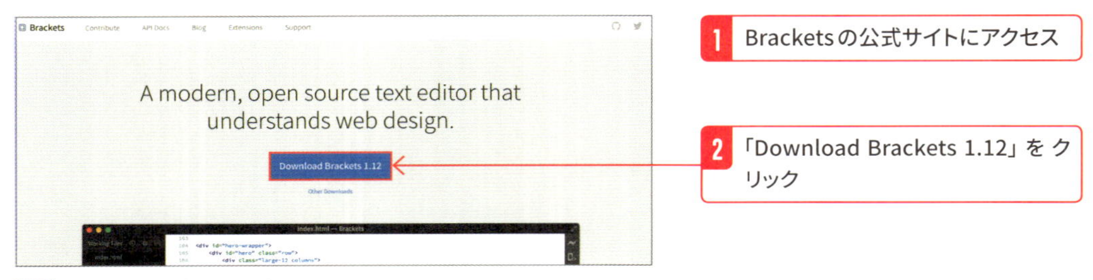

URL http://brackets.io/

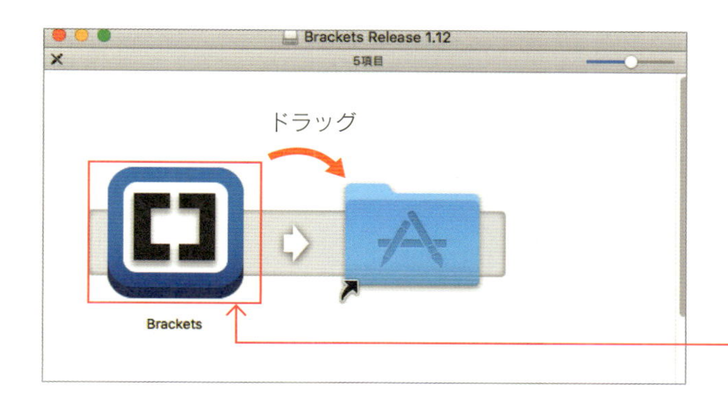

4 表示されたBracketsアイコンをアプリケーションフォルダにドラッグ

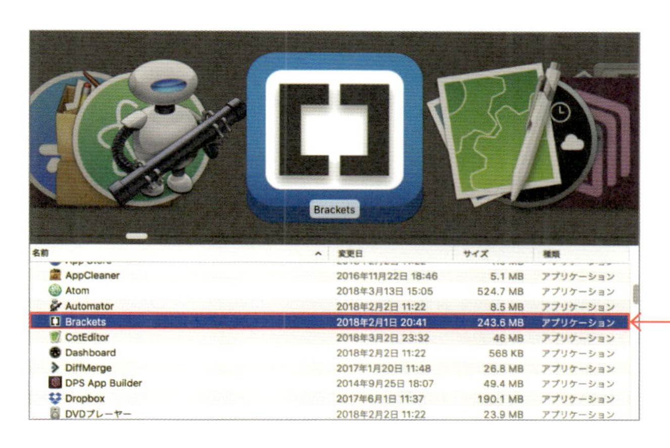

5 アプリケーションフォルダ内のアプリアイコンをダブルクリック

インストールは終了し、「Brackets」が起動されます。

▨ Bracketsのインストール(Windows)

URL http://brackets.io/

Brackets.Release.1.....msi
3 ブラウザ下部でダウンロードがはじまるので完了したらクリック
Brackets Installer
Brackets Destination Folder
Click Next to install to the default folder or click Change to choose another.
C:¥Program Files (x86)¥Brackets¥
Change...
Add "brackets" launcher to PATH for command line use
Add "Open with Brackets" to Explorer context menus for all files and folders
Next
Cancel
4 「Next」をクリック
Brackets Installer
Install Brackets
Click Install to begin, or Cancel to exit.
Back
Install
Cancel
5 「Install」をクリック
ユーザー アカウント制御
このアプリがデバイスに変更を加えることを許可しますか?
Brackets
確認済みの発行元: Adobe Systems Incorporated
ファイルの入手先: このコンピューター上のハード ドライブ
詳細を表示
はい
いいえ
6 「はい」をクリック

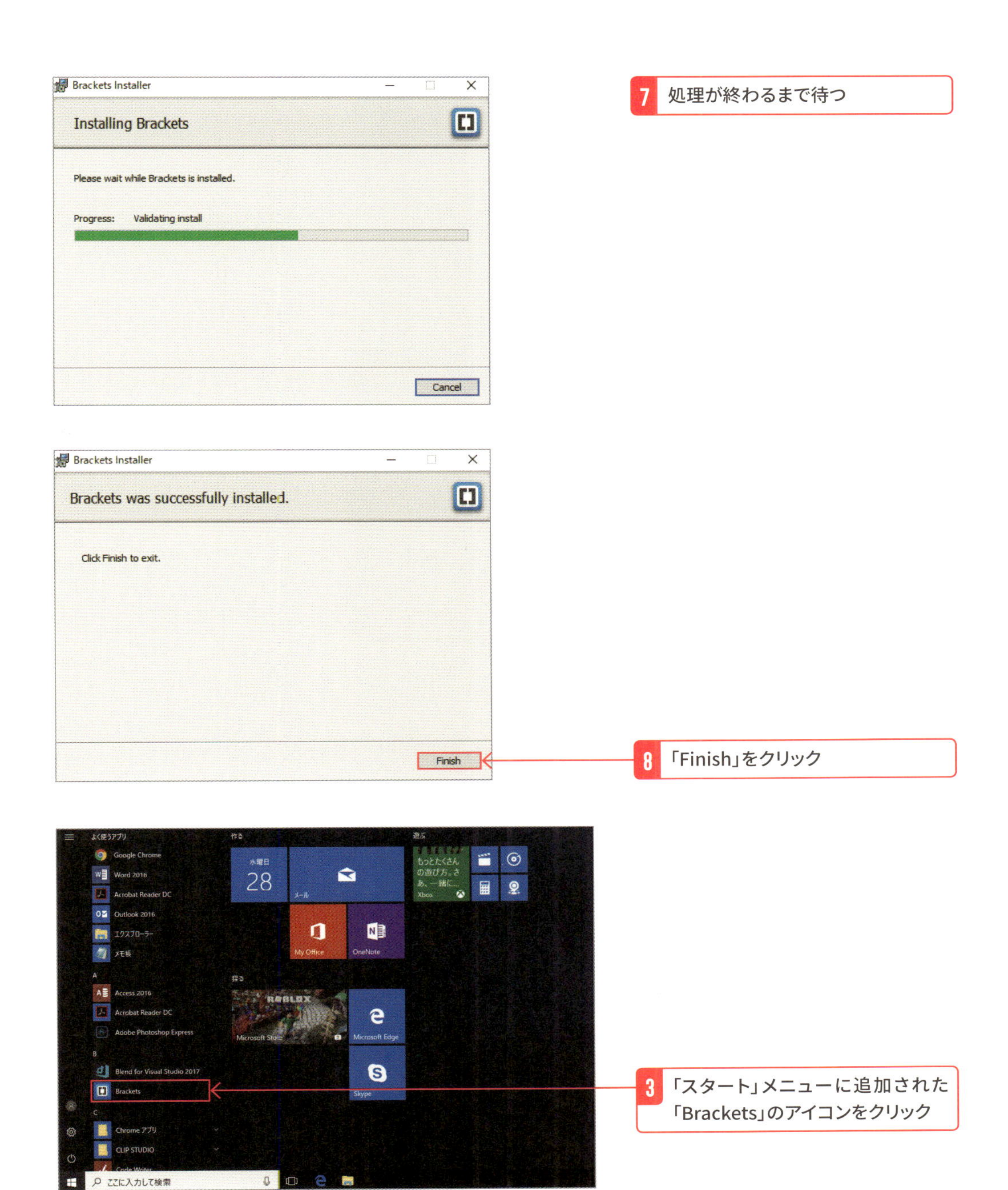

以上で、「Brackets」のインストールが終わり、起動できます。

COLUMN

Brackets でのデータ形式の設定方法

本書で紹介しているBracketsでは、「メモ帳」などとは異なりデータ形式の設定を画面下部で設定します。

図 Bracketsでのデータ形式設定

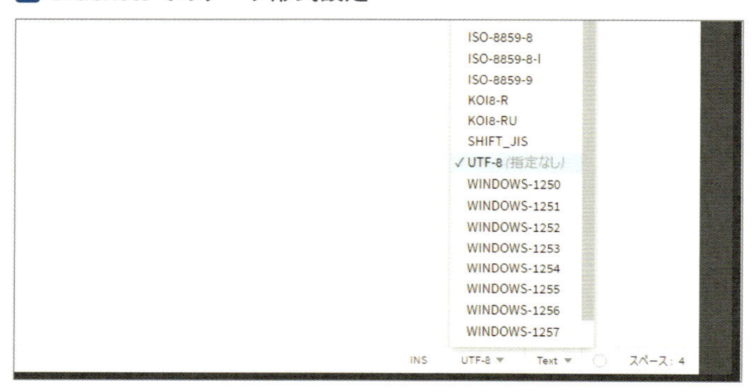

設定を変更しない限りはデータ形式「UTF-8」で保存されるので問題ありませんが、もしもデータ形式を変更する場合は気を付けましょう。

サンプルファイルのダウンロード

次のChapter2からJavaScriptのコードを実際に書いていきます。本書では学習しやすいよう、完成形のサンプルファイルや、HTMLやCSSなどあらかじめ準備されたファイルがあります。

サンプルファイルの使い方

以下のサポートページのURLからファイルをダウンロードし、管理しやすいフォルダに保存して使っていきましょう。

サポートページ | https://isbn.sbcr.jp/95150/

サンプルファイルのダウンロードの方法はp.227を参照してください。サンプルファイルの詳しい構成や使い方などについてはp. viを参照してください。

Chapter 2

JavaScriptの基本

JavaScriptを書く準備が整いました。
まずは実際にコードを書いて動かしてみます。
簡単なコードを書いてJavaScriptの基本を学びましょう。

一行のJavaScriptを書いてみる

コンソールの使い方

JavaScriptを書いていくにあたって、まずは簡単なコードをブラウザに直接書いてみましょう。ブラウザはChapter1の『Lesson2　JavaScriptの制作環境の準備』(p.5)でインストールしたGoogle Chromeを使います。

コードを書いていく場所は、Google Chromeの「デベロッパーツール」という機能の中の「コンソール」です。デベロッパーツールは、JavaScriptを実行できたり、HTMLやCSSもブラウザ上で疑似的に追加・編集ができ、大変便利です。活用していきましょう。

図 Google Chromeのデベロッパーツール

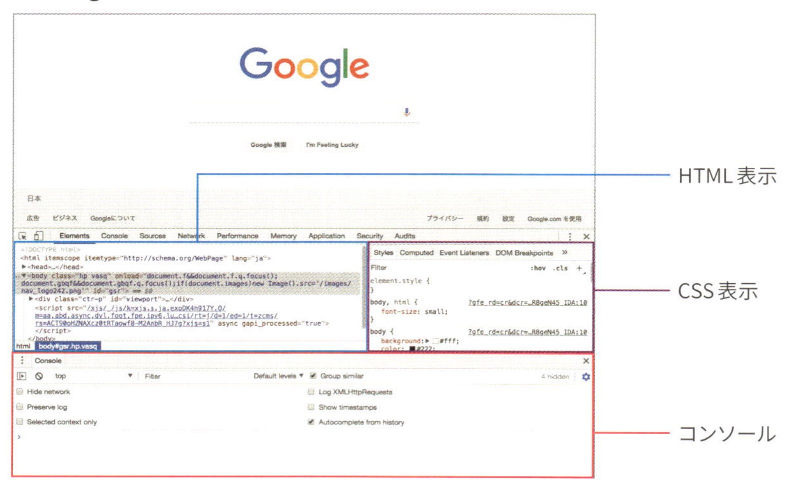

表 Google Chromeのデベロッパーツールの画面構成

画面構成	説明
HTML表示	現在表示しているページのHTMLが表示される
CSS表示	現在表示しているページのCSSが表示される
コンソール	簡単なプログラムを記述し、実行できる場所

デベロッパーツールの表示と非表示

それでは、コンソールを表示させる方法を説明します。

デベロッパーツールを表示してコンソールを使ってみよう

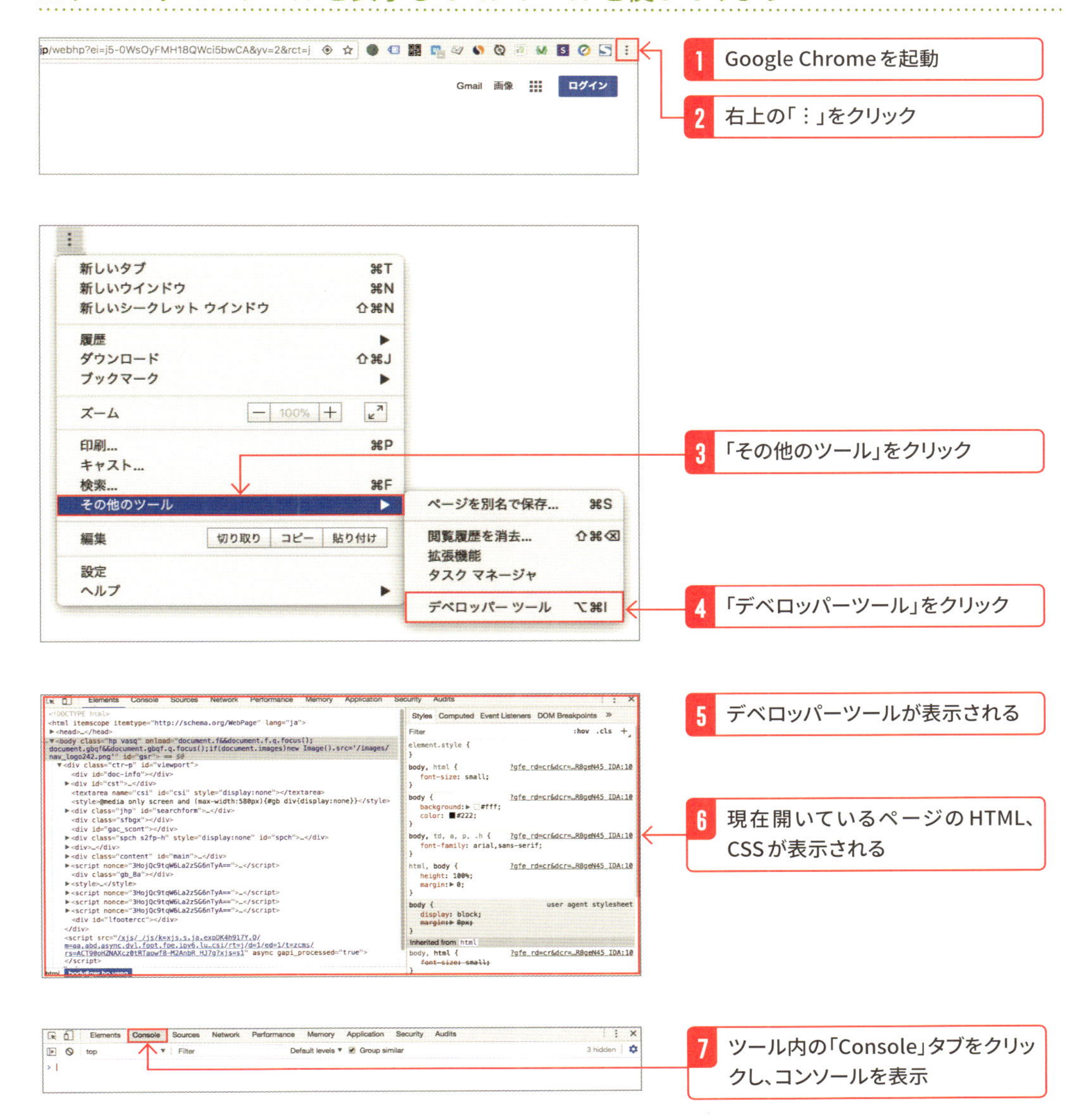

POINT

デベロッパーツールを表示させるショートカットキーは、Windowsの場合は[Ctrl]+[Shift]+[I]キー、Macの場合は[option]+[command]+[I]キーです。数行の簡単なコードを確認する際にコンソールはとても便利なので、ぜひ覚えておきましょう。

デベロッパーツールを非表示にする方法

デベロッパーツールを使わない時は、Webページ閲覧の邪魔になるので非表示にしておきましょう。方法はとても簡単です。

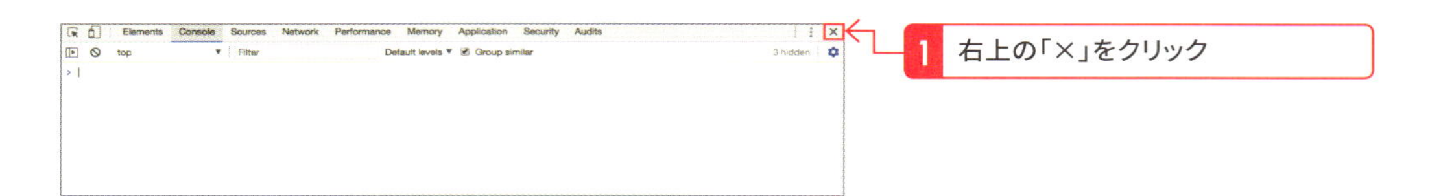

有名な一行を書いてみよう

それでは、世界一有名なプログラムともいわれている「Hello World!」の表示をコンソールで実行してみましょう。

「Console」タブの中の青い「>」の矢印の右側をクリックするとテキストが記入できます。ここにコードを記述していきましょう。

図 コンソールのJavaScriptコード記述箇所

```
> |
```

記述するコードは以下です。どういう内容なのか今はわからないと思いますが、一文字ずつ、間違えないように記述してみましょう。

JavaScript　chap2/lesson1/sample/sample2_1_1　code.js

```
001 console.log('Hello World!');
```

実際にコンソールに上記のコードを記述すると、以下のようになります。

```
> console.log('Hello World!');
```

コードを記述したら、Enterキーを押して実行してください。そうすると「Hello World!」という文字がコンソールに表示されます。

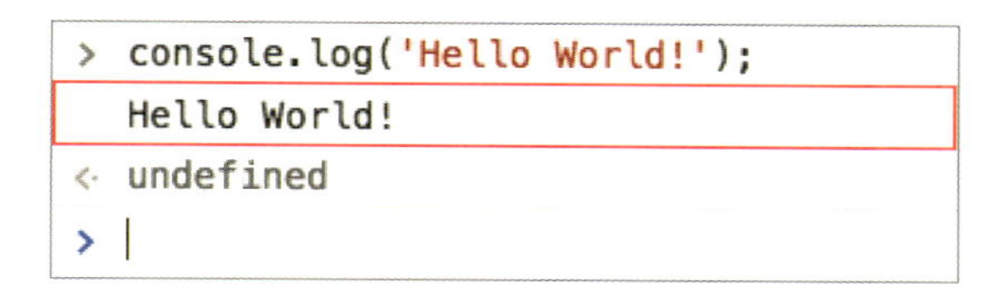

たった一行のJavaScriptですが、このようにコンソールにJavaScriptのコードを書いて実行させることができます。

「Hello World!」の前に記述した「console.log」は、文字通り「コンソールにログを出す」という命令です。「console.log」の後ろの()（カッコ）と'（シングルクォート）で囲んだ文字列をコンソールに表示します。さきほど指定した文字列はアルファベットでしたが、以下のように日本語や他の文字も指定できます。また、'（シングルクォート）で文字列を囲みましたが、"（ダブルクォート）でも指定できます。

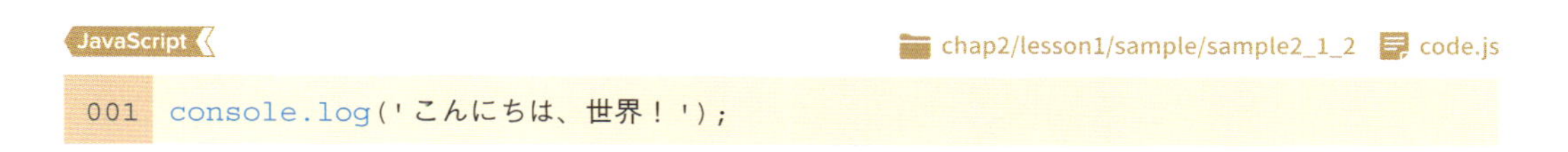

JavaScript　chap2/lesson1/sample/sample2_1_2　code.js

```
001 console.log('こんにちは、世界！');
```

また、文字列が表示された次の行に「undefined」という文字が表示されていますが、これは「戻り値（もどりち）」といわれるものです。詳しくは『Chapter5 関数』(p.85) で説明しますので、今は気にせず進めていきましょう。

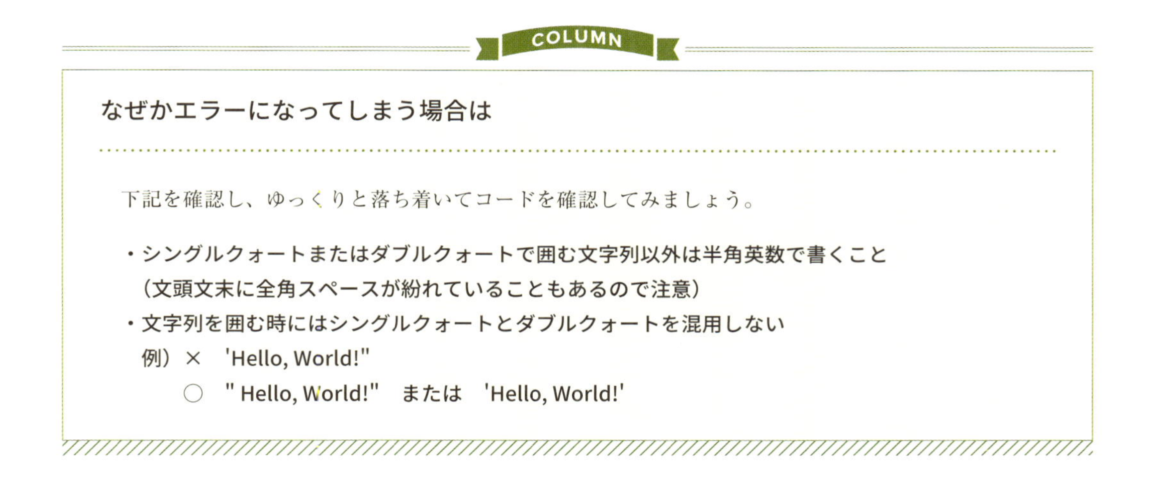

COLUMN

なぜかエラーになってしまう場合は

下記を確認し、ゆっくりと落ち着いてコードを確認してみましょう。

- シングルクォートまたはダブルクォートで囲む文字列以外は半角英数で書くこと
  （文頭文末に全角スペースが紛れていることもあるので注意）
- 文字列を囲む時にはシングルクォートとダブルクォートを混用しない
  例）× 'Hello, World!"
  ○ "Hello, World!" または 'Hello, World!'

Lesson 2

JavaScriptの書き方のルールとエラー

プログラミング言語のJavaScriptには、日本語や英語と同様に「文法」や「ルール」があります。

日本語などの言語では言い間違えやタイプミスがあっても、相手は人間なので前後関係で正しい内容を理解してくれる場合もありますが、相手がコンピューターであるプログラミング言語ではそうはいきません。**たった一つのタイプミスや書き間違えでも実行されなくなってしまいます。**

ここでしっかりと基本の構文を覚えていきましょう。

基本ルール

プログラムを書く際には、いくつかの記述ルールがあります。下記がそのルールです。コードがうまく動かない時はこれらを見返しましょう。

- 原則、半角英数を使用して記述する
- アルファベットの大文字と小文字は区別して認識される
- 一文の終わりには「;（セミコロン）」を付ける
- 文字列（英語日本語を問わず）としてあつかう場合には「'（シングルクォート）」または「"（ダブルクォート）」で囲む

エラーの見方

上記の基本ルールを守らずに書いてしまった場合、プログラムが動かないなどの問題が発生しますが、コンソールを使用している場合はとても便利な機能があります。

試しに誤りのあるコードを書いてみましょう。下記コードをコンソールに記述してください。1行目を書き終えたらShift+Enterキーを入力して改行し、2行目を書いていきましょう。

JavaScript　chap2/lesson2/sample/sample2_2_1　code.js

```
001 console.log('エラーではありません');
002 console.log('エラーです);
```

2行目のコードを見てみましょう。文字列の末尾に'（シングルクォート）がありません。これでは正しく動きませんが、コンソールで実行してみましょう。

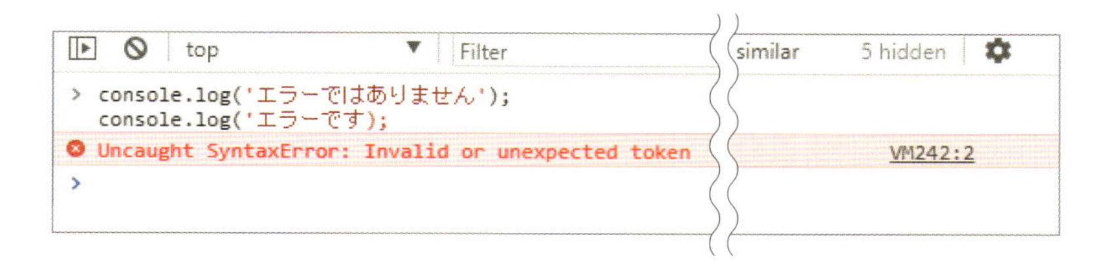

実行すると、上記のように赤文字で「Uncaught SyntaxError: Invalid or unexpected token」というメッセージがコンソールに表示されます。**コンソールではこのようにエラー内容が表示されます。**エラー内容は英語で表示されるので、コンソールに表示されたエラーメッセージを単語ごとに意味を調べることで、どういったエラーが起こっているのかわかります。また、初心者が起こしがちなエラーはブログやWebサイトで紹介されていることがよくあるので参考にするといいでしょう。以上の方法でエラー内容を分析すると、今回発生したエラーは文法エラーだということがわかります。

また、エラーの内容だけではなく、**どこでエラーが起こっているかも教えてくれます。**上の例ではエラーのメッセージの右端に「VM242:2」と表示されていますが、「VM242:」の次に記述されている「2」とは、「コンソールに記述した内容の2行目」ということを教えてくれています。

デベロッパーツールはこのようにエラー時にもヒントを返してくれるので、エラーが出た際は積極的に使っていきましょう。

コメント

どういった処理をおこなっているか、なにに使われている変数か、などをプログラムの中にメモとして記述しておくと便利です。**昔書いたコードを見返す時に内容がすぐにわかりますし、複数人で作業をおこなう時にはじめてコードを見た人が内容を把握しやすくなります。このような時に「コメント」を使います。**

一行のコメントを残したい時は「//」を先頭に置き、複数行の場合は「/*」「*/」で囲みましょう。

JavaScriptでのコメントの使用方法は、以下のように2種類あります。

JavaScript　chap2/lesson2/sample/sample2_2_2　code.js

```
001 // 一行コメントではスラッシュ2つを先頭に入力します。
002 /*
003 複数行コメント
004 の場合には、スラッシュとアスタリスクを組み合わせてコメントを囲みます。
005 */
```

Lesson 3

変数とデータ型

JavaScriptを学んでいくとさまざまな専門用語にぶつかります。関数、メソッド、データ型、オブジェクト、変数……。筆者も学びはじめた当初はそれぞれがわからず混乱してしまうことも多かったです。このLesson3だけでなく、以降のページでも、それぞれについてわかりやすく初歩から説明していきますので、しっかりと専門用語と意味を理解しましょう。

変数

変数はプログラムを作成する際には必ずといってもいいほど使われるものです。ここでしっかりマスターしておきましょう。

変数の概要と使い方

「変数」とは、値を入れておくことができる「箱」のようなものです。値を入れておくということはつまり、**変数という箱に値を設定し、以降、その変数から値を読み込んだり書き換えたりできる**ということです。このような性質を持つ変数は、複数行にわたるコードを記述しプログラムを作成する時に、途中で得た結果を用いて次以降の処理に使う際になくてはならないものです。

図 変数とは

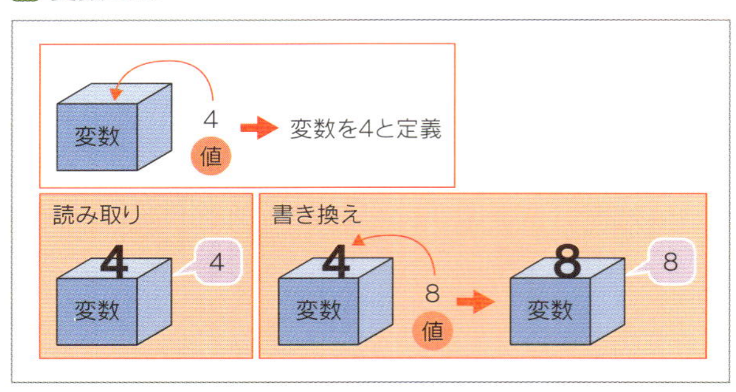

実際に変数を作成してみましょう。「aという箱」に「1」という数字を定義してみます。

JavaScript　chap2/lesson3/sample/sample2_3_1　code.js

```
001 var a = 1;
```

JavaScriptでは、var（variableの略称）という文字を変数の前に記述します。前ページのコードでは変数aの値が1と定義されています。

構文 **変数の定義**

```
var 変数名 = 値;
```

定義という言葉は「代入」と言い換えられます。例えば、「aに1を代入する」といいます。もちろん数字だけではなくさまざまな値を代入することが可能です。例として、文字列を代入してみましょう。下記のコードをブラウザのコンソールに記述してください。

2行のコードがありますが、このように複数行のコードをコンソールで一気に書きたい時は、改行するタイミングでShift＋Enterキーを押して改行し、最後まで書けたらEnterキーを押して実行してください。

JavaScript　chap2/lesson3/sample/sample2_3_2　code.js

```
001 var a = "Hello world!";
002 alert (a);
```

文末まで書いてShift＋Enterキーで改行

コンソールに以下のように記述できたでしょうか。Enterキーを押して実行してみましょう。

```
> var a = "Hello world!";
  alert (a);
>
```

実行すると、以下のダイアログボックスが表示されます。「Hello world!」という文字列が格納された変数aを使ってダイアログボックスに表示させています。

```
www.google.co.jp の内容

Hello world!

                OK
```

変数の使い方の説明は以上です。プログラムを作成する際には必ず使うものなので、まずはしっかり覚えましょう。

変数の名前の付け方のルール

変数の名前を付ける際にもルールがあります。以下の4点に注意しましょう。

- **予約語と同じ名前にしない**

  予約語とはJavaScriptであらかじめ使用されている単語です。なので、同じ名前は変数に使えません。下記にその一部を挙げています。

  例）var if break for function new else delete this try

  現時点ですべてを覚えることはできないと思いますが、仮に偶然、予約語を変数として定義してしまってもきちんとエラーが出るので、安心してください。

- **1文字目は数字以外にする** 例）×「1word」 ○「word1」
- **_（アンダースコア）や、$（ドル）を使用できるが$は使うのを避ける**

  ドル記号付きの変数は本書『Chapter9 jQuery』（p.141）であつかうjQueryで使われることが多いので、使うのは避けましょう。

- **アルファベットの大文字と小文字を区別して認識する**

  例えば、userNameとusernameは区別して認識されます。変数名をuserNameと定義しているのに、誤ってusernameと使用したりしないよう気を付けましょう。

データ型

「データ型」とはこれまでに出てきた文字列、数値などといった、データの種類です。具体的には下表のようなものがあります。数値や文字列は基本型の一つです。他にも見慣れない単語が並んでいますが、今は「こういうものがあるのか」という程度に理解しておけば大丈夫です。

表 基本型

項目	項目の意味	説明
number	数値	整数、小数、正負などの数値をあつかう
string	文字列	ダブルクォート、もしくはシングルクォートで囲まれた値
Boolean	論理値	真偽値ともいわれ、真=true、偽=falseの値をあつかう
Symbol	シンボル型	最近登場した新しいデータ型の一つで、不変の値としてあつかう
null	空	空の値をあつかう
undefined	未定義	まだ値が代入されていないもの

表 参照型

項目	項目の意味	説明
object	オブジェクト	名前と値のセットの集合体

数値と計算

数値型とは

データ型の中でも頻繁に使用する「数値型」について説明します。数値型は、JavaScriptでは整数や小数、マイナス値をあつかえます。また、演算子というものを使って足し算、引き算、掛け算、割り算、剰余の計算もできます。

変数に数値を代入する場合には、以下のように記述します。

ただし、下記コードのように"（ダブルクォート）または'（シングルクォート）で数字を囲むと、数値ではなく文字列になるので注意してください。

整数、小数、マイナス値の書き方は以下の通りです。

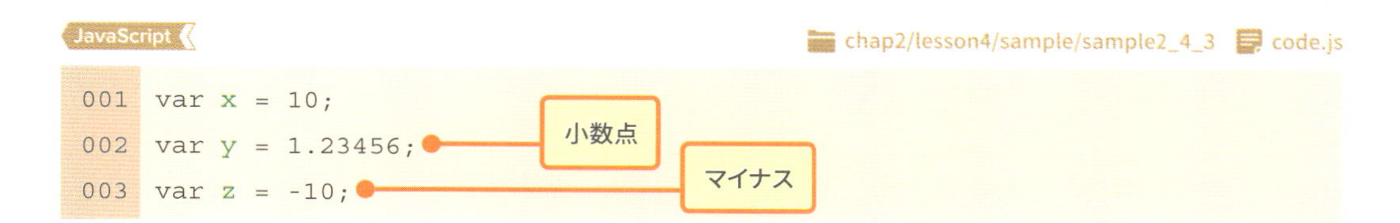

JavaScriptで計算をおこなう

JavaScriptでは「演算子」というものを使って計算をします。学校で習う算数と同じ計算をおこなうので特に難しいことはありませんが、掛け算と割り算と剰余（割り算をした結果に生じる余り）は算数とは異なる記号を使用するので注意してください。

表 演算子

記号	説明
+	足し算
-	引き算
*	掛け算
/	割り算
%	剰余

以下が実際に計算式をコードに記述した例です。

JavaScript　chap2/lesson4/sample/sample2_4_4　code.js

```
001 var x = 1 + 1;     →結果は2
002 var y = 10 - 8;    →結果は2
003 var z = 5 * 2;     →結果は10
004 var xx = 10 / 2;   →結果は5
005 var yy = 10 % 3;   →結果は1
```

複数の演算子を使用して計算することももちろんできます。算数と同じルールが適用され、掛け算や割り算は優先して先に計算されますし、カッコを付けて計算することもできます。

JavaScript　chap2/lesson4/sample/sample2_4_5　code.js

```
001 var x = 1 + 1 * 10;       →結果は11
002 var y = 10 - 6 / 2;       →結果は7
003 var z = (20 - 10) * 4;    →結果は40
```

もちろん、コンソールで実行することもできます。これまでに使った「alert();」や「console.log();」で結果を確認してみましょう。

JavaScript　chap2/lesson4/sample/sample2_4_6　code.js

```
001 var x = 5*(20+10);
002 alert (x);
```

上記を以下のようにコンソールに記述し、Enterキーを押して実行しましょう。

```
> var x = 5*(20+10);
  alert (x);
```

実行すると、下記のダイアログボックスが表示されるのが確認できたでしょうか。

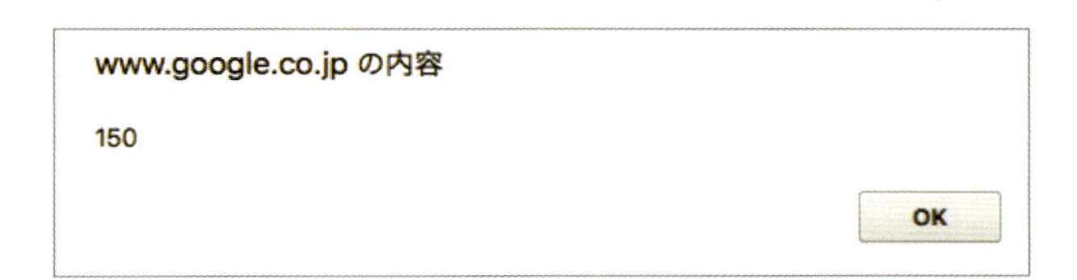

続いて、下記のコードをコンソールに記述してみましょう。さきほどはダイアログボックスが表示されましたが、今回はコンソールに結果を表示させます。

JavaScript　chap2/lesson4/sample/sample2_4_7　code.js

```
001 var x = (23+10)/3;
002 console.log (x);
```

コードを記述してEnterキーを押すと、コンソールに以下のように計算結果の「11」が表示されたでしょうか。

```
> var x = (23+10)/3;
  console.log (x);
  11
```

計算がうまくいかない、エラーが出てしまう、という場合はコードをゆっくりと見返しましょう。難しいコードではないので、落ち着いて入力すれば大丈夫です。

このように、複雑な計算もプログラミング言語であれば簡単に結果が出ます。そしてその結果をどう利用するかはこれから学んでいきましょう。

Lesson 5

文字列

ここでは文字列のあつかい方について説明します。ルールさえ覚えれば単純なので、コードを書くことで覚えていきましょう。

基本の使い方

JavaScriptで文字列をあつかう時には'(シングルクォート)、もしくは"(ダブルクォート)で囲ってください。どちらで囲むかは自由に決めて構いませんが、コード内では統一したほうが読みやすく美しいので、必ず統一するようにしましょう。

JavaScript　chap2/lesson5/sample/sample2_5_1　code.js

```
001 var x = 'Hello world!';
002 var y = "Hello world!";
```

'(シングルクォート)で囲む

"(ダブルクォート)で囲む

文字列の結合

文字列は結合して使うこともできます。まずは文字列と文字列を結合してみましょう。

JavaScript　chap2/lesson5/sample/sample2_5_2　code.js

```
001 var x = "こんにちは" + "SBさん";
002 alert (x);
```

+(プラス)で結合

上記のコードをコンソールに記述し、Enterキーを押すと、下記のメッセージがダイアログボックスに表示されます。

www.google.co.jp の内容

こんにちはSBさん

OK

前ページのように単純に文字列同士を組み合わせる場面はそう多くないでしょう。頻繁に使用することになるのが、変数の値と文字列を組み合わせる場合です。

JavaScript　chap2/lesson5/sample/sample2_5_3　code.js

```
001 var y = "こんにちは";
002 var x = y + "SBさん";   // 変数と文字列を結合
003 alert (x);
```

上記のコードをコンソールで実行すると、文字列と文字列を結合した場合と同じメッセージのダイアログボックスが表示されることが確認できたでしょうか。実際にプログラムを作成する場合にはよく使う記述方法なので、覚えておきましょう。

www.google.co.jp の内容

こんにちはSBさん

OK

特殊な文字を使用する方法

特殊な文字を使用する場合にどうあつかうのか知っておきましょう。特殊な文字とは、代表的なものとしては、改行やタブが挙げられます。また、文字列は'（シングルクォート）、"（ダブルクォート）で囲む必要がありますが、文字列の中に'（シングルクォート）または"（ダブルクォート）を使いたい場面もあるでしょう。このような時に使用するのが**「エスケープシーケンス」です。エスケープシーケンスとは、\（バックスラッシュ）と特殊な文字を組み合わせたものです。**

改行を例に、まずはエスケープシーケンスを使わず、コードを記述してみましょう。

JavaScript　chap2/lesson5/sample/sample2_5_4　code.js

```
001 var x = "こんにちは
002 SBさん";
003 alert (x);
```

上記のように、改行させたい箇所で単純に改行させても、次ページのようにエラーになってしまいます（ここでは1行目の文末まで書いたところでShift＋Enterキーを押して改行させています）。これは、JavaScriptが上記のコードを文字列の改行ではなく、プログラム内での改行だと判断するためです。

```
> var x = "こんにちは
  SBさん";
  alert (x);
✖ Uncaught SyntaxError: Invalid or unexpected token          VM1519:1
>
```

それでは、エスケープシーケンスを使用してみましょう。改行を表すエスケープシーケンスは、\（バックスラッシュ）とアルファベット「n」を組み合わせたものになります。バックスラッシュは、Windowsの場合は[¥]**と刻印されているキーで入力できます。**この時、テキストエディタなどでは「¥」と表示されるかもしれませんが、問題ありません。

Macで入力する場合は、「Brackets」の場合[option]＋[¥]キーで入力できます。

JavaScript　chap2/lesson5/sample/sample2_5_5　code.js

```
001 var x = "こんにちは\nSBさん";
002 alert (x);
```


上記のコードを実行して、表示されたダイアログボックスのメッセージを確認すると、「\n」を記述した箇所が改行されていることがわかります。

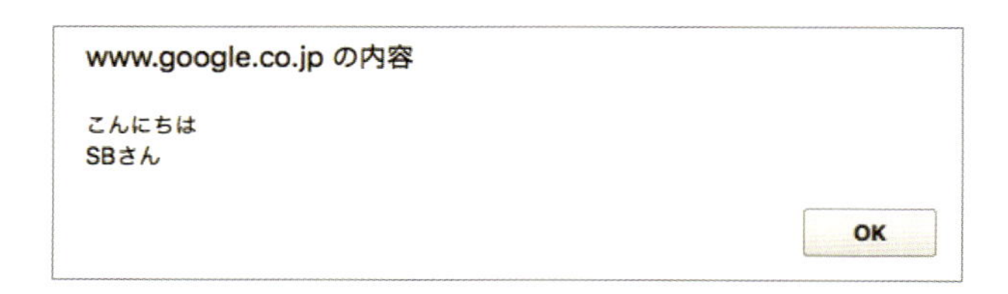

エスケープシーケンスは他にも下表のようなものがあるので、使用する際には見返してみてください。

表 エスケープシーケンスの種類

記号	説明
\n	改行
\t	タブ
\'	'（シングルクォート）
\"	"（ダブルクォート）
\\	\（バックスラッシュ）

Lesson 6

配列

ここでは複数の値を格納できる「配列」について学習します。配列の使い方は独特なので、まずは慣れるために具体的な例を通して説明します。今までよりもちょっとだけ複雑に感じるかもしれませんが、ゆっくりと内容を読み込めば理解できるので、焦らず読み進めましょう。

配列にデータを格納する

変数は1つの箱に1つの値を格納するイメージでしたが、配列では複数の値を格納できます。複数の値にはそれぞれ番号が振られています。下図がそのイメージです。

図 配列と複数データのイメージ

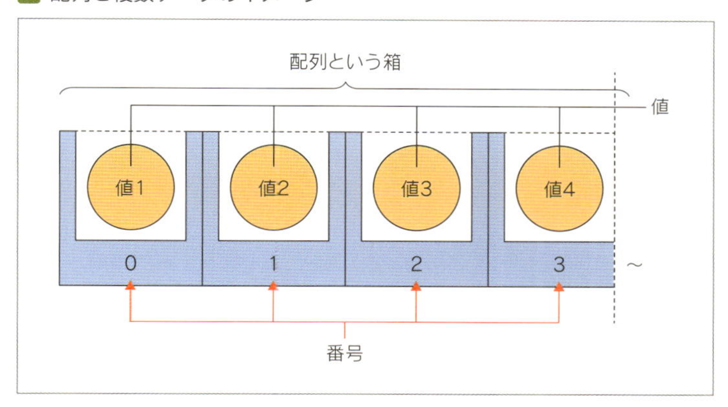

構文 **配列の定義**

```
var 配列名 = [値1, 値2, 値3....];
```

POINT

気付いている人もいるかもしれませんが、**配列の中の値に振られる番号は、1からではなく0からです。配列の中の1番目の値は、配列での順番では「0」番目になり、2番目の値は「1」番目です。**慣れるまでは間違えやすいので注意しましょう。

前述のような概念だけの説明ではイメージしづらいので、具体的な例を挙げて説明していきます。

動画配信サイトで、「アクション」というジャンルの中から観る映画を選ぶとします。この場合、アクションというジャンルの色んな作品をまとめられたものを私たちは見ていることになります。つまり、アクションというジャンル＝配列という箱であり、アクション作品＝値なのです。

図 配列と複数データのイメージ(例:アクション映画)

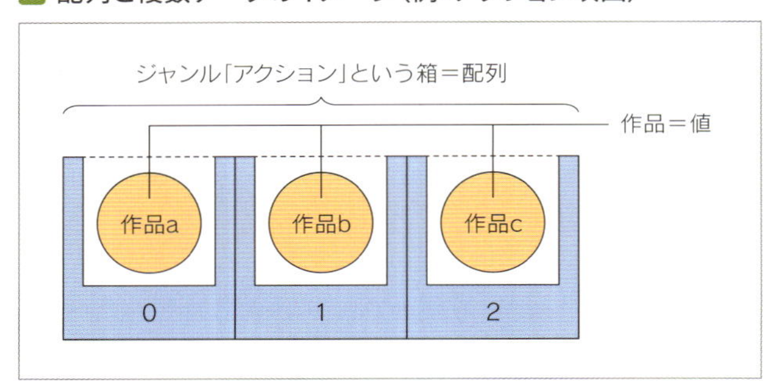

それでは、アクションというジャンル＝配列に複数の作品を格納してみましょう。

JavaScript　chap2/lesson6/sample/sample2_6_1　code.js

```
001 var action = ["スター・ウォーズ", "バック・トゥ・ザ・フューチャー", "エイリアン2"];
002 console.log(action);
```

配列に格納した値をコンソールに出力してみると、下記のログが表示されることを確認できたでしょうか。配列に格納されている全ての値が表示されています。

```
> var action = ["スター・ウォーズ", "バック・トゥ・ザ・フューチャー", "エイリアン2"]
  console.log(action);
  ▶(3) ["スター・ウォーズ", "バック・トゥ・ザ・フューチャー", "エイリアン2"]
< undefined
> |
```

配列の定義の仕方と、配列に値を入れる方法はなんとなくつかめたでしょうか。次からは、配列に入っている値の呼び出し方を説明します。途中でわからなくなった時は、またこのページに戻って、ゆっくりと理解していきましょう。

配列からデータを取得する

配列「action」から、2つ目の値「バック・トゥ・ザ・フューチャー」を取得してみましょう。さきほど説明した通り、配列の値に振られる番号は0からはじまります。そのため、2つ目の作品を呼び出すには、番号「1」を指定して呼び出しましょう。

構文　**配列の中のデータの取得**

```
配列名[データの番号]
```

JavaScript　chap2/lesson6/sample/sample2_6_2　code.js

```
001 var action = ["スター・ウォーズ", "バック・トゥ・ザ・フューチャー", "エイリアン2"];
002 console.log(action[1]);
```

2つ目の値

上記のコードをコンソールで実行すると、下図の結果が確認できます。2つ目のデータ「バック・トゥ・ザ・フューチャー」だけを取得することができましたね。

```
> var action = ["スター・ウォーズ", "バック・トゥ・ザ・フューチャー", "エイリアン2"];
  console.log(action[1]);
  バック・トゥ・ザ・フューチャー
```

配列の中に入っているデータの数を取得する

配列の中にいくつのデータが入っているのかを取得することもできます。

配列データ数の取得

```
配列名.length
```

JavaScript　chap2/lesson6/sample/sample2_6_3　code.js

```
001 var action = ["スター・ウォーズ", "バック・トゥ・ザ・フューチャー", "エイリアン2"];
002 console.log(action.length);
```

配列のデータ数

```
> var action = ["スター・ウォーズ", "バック・トゥ・ザ・フューチャー", "エイリアン2"];
  console.log(action.length);
  3
```

3という結果が返ってくるので、3個のデータが格納されていることがわかりますね。

Lesson 7 3種類のダイアログボックス

ダイアログボックスの種類と使い方

これまで何度も使用してきた「alert()」ですが、ダイアログボックスを表示させるお決まりのコードでしたね。実は「alert()」以外のダイアログボックスを表示させることもできます。場面に応じて使い分けましょう。

表 ダイアログボックスの種類とコード

項目	コード
警告	alert()
確認	confirm()
入力	prompt()

警告ダイアログボックス(alert)

JavaScript　chap2/lesson7/sample/sample2_7_1　code.js

```
001 var name = "SBクリエイティブ";
002 alert(name);
```


「OK」ボタンのあるダイアログボックスが表示されます。警告文を確認させる場面で使用します。

www.google.co.jp の内容

SBクリエイティブ

OK

▨確認ダイアログボックス(confirm)

JavaScript　　chap2/lesson7/sample/sample2_7_2　code.js

```
001 var name = "あなたは、SBクリエイティブさんですか？";
002 confirm(name);
```

確認ダイアログボックス

表示されるダイアログボックスには「キャンセル」と「OK」のボタンが出て、どちらかのボタンをクリックさせられます。なにかを質問したり、回答によって分岐させたい場合などに使用します。

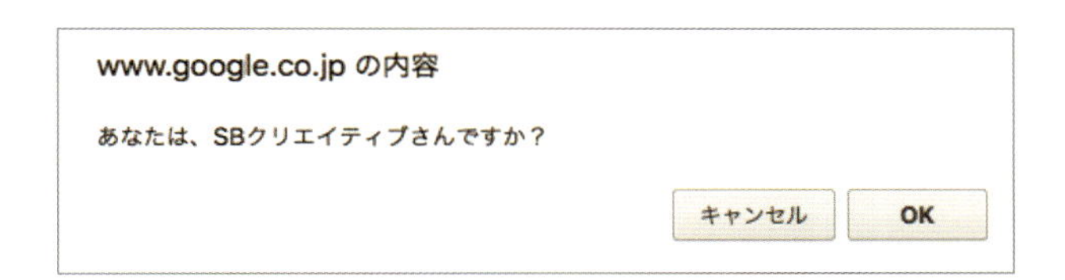

また、ボタンをクリックした後に値が返ってきます。「キャンセル」ボタンをクリックした場合には「false」、「OK」ボタンをクリックした場合には「true」の値を返します。この返ってくる値を見て、処理を変えたりすることができるのです。

▨入力ダイアログボックス(prompt)

JavaScript　　chap2/lesson7/sample/sample2_7_3　code.js

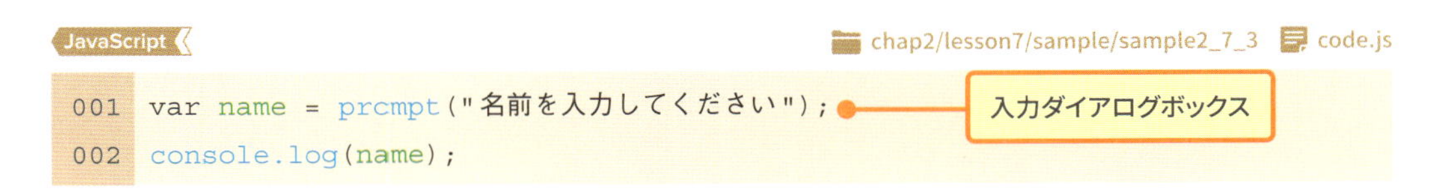

```
001 var name = prcmpt("名前を入力してください");
002 console.log(name);
```


表示されるダイアログボックスには入力欄が表示されます。「OK」ボタンをクリックすると、入力欄に入力された値を返します。ユーザーが入力した値を用いて、以降の処理をおこなうことができるダイアログボックスです。本書の『Chapter3 条件分岐』(p.53) でより詳しい説明をしているのでのちほど学習しましょう。

www.google.co.jp の内容

名前を入力してください

キャンセル　OK

Lesson 8

プログラムをファイルで管理する

さて、ここまではブラウザのコンソールを使用しJavaScriptの基本的な記述を学んできました。ここからは、より実践的に、そしてコードを見直しながら記述していくために、JavaScriptをファイルで管理する方法を知っておきましょう。

本書でプログラムを作成していく前の準備

フォルダを準備する

Chapter1の最後にダウンロードしたサンプルファイルを使用します。今回はChapter2のLesson8の1番目のフォルダを使用するので、「practice2_8_1」フォルダにファイルを作成していきます。

このようにJavaScriptをファイルで作成していく時は、本書では「practice」という名称のフォルダを使用します。完成形のファイルが見たい時は「sample」という名称のフォルダを参照しましょう。

HTMLファイルを準備する

テキストエディタを開き、さきほど作成したフォルダにファイル名「index.html」のHTMLファイルを作成してください。この時、ファイルの文字コードは「UTF-8」で保存してください（p.12）。作成したら、下記のコードを記述して、再度保存しましょう。

HTML　chap2/lesson8/practice/practice2_8_1　index.html

```
001 <!DOCTYPE html>
002 <html lang="ja">
003   <head>
004     <meta charset="utf-8">
005     <title>JavaScript Practice</title>
006   </head>
007   <body>
008     <h1>JavaScript Practice</h1>
009   </body>
010 </html>
```

JavaScriptファイルを準備する

本書用のフォルダにJavaScriptファイルも作成しておきます。JavaScriptファイルは複数ある場合があるので、JavaScript用のフォルダを下の階層に作りましょう。フォルダ名はJavaScriptファイルの拡張子である「js」にしてください。

テキストエディタを開き、作成したJavaScript用のフォルダにファイル名「index.js」のJavaScriptファイル（以降、jsファイルとします）を作成してください。ファイルの中身は空のままで大丈夫です。ですが、このままだと「index.js」を「index.html」で利用できません。「index.html」から「index.js」を読み込みましょう。

構文 **HTMLファイルからjsファイルを読み込む**

```
<body>
   <script src="jsファイルのファイルパス"></script>
</body>
```

今回のファイルには、以下のように記述しましょう。**必ず</body>の直前にjsファイルの読み込みをしてください。**

HTML　chap2/lesson8/practice/practice2_8_1/js　index.html

```
    ～略～
007 <body>
    ～中略～
009   <script src="js/index.js"></script>
010 </body>
    ～略～
```

最後に「index.html」をブラウザで表示させてみましょう。

JavaScript Practice

ファイルを作成してコードを書く場合は、このようにコードを記述していきましょう。なお、今回は一から作成していきましたが、本書ではサンプルファイルにフォルダやファイルがそろっているので以降は必要なコードを書くだけで大丈夫です。

Lesson 9

まとめ

【実習】消費税の計算

ここまでで、JavaScriptの基本的なルールや書き方を学んできました。まとめとして「消費税を含んだ計算」を考えてみましょう。消費税を含んだ計算をする流れと仕組みをまずは考えます。

- **消費税は変動する可能性があるため、変数で管理する**
- **計算式は、「金額×消費税=合計値」**

消費税は、税率の**値が変わった時に1箇所を変更すればいいように変数にしておきましょう**。実際に記述するコードは以下です。コードの右上には「sample」のフォルダが示されていますがこれは完成形です。自分で書けるようになるため、フォルダ「practice2_9_1」の「index.js」ファイルに書いていきましょう。

JavaScript　chap2/lesson9/sample/sample2_9_1/js　index.js

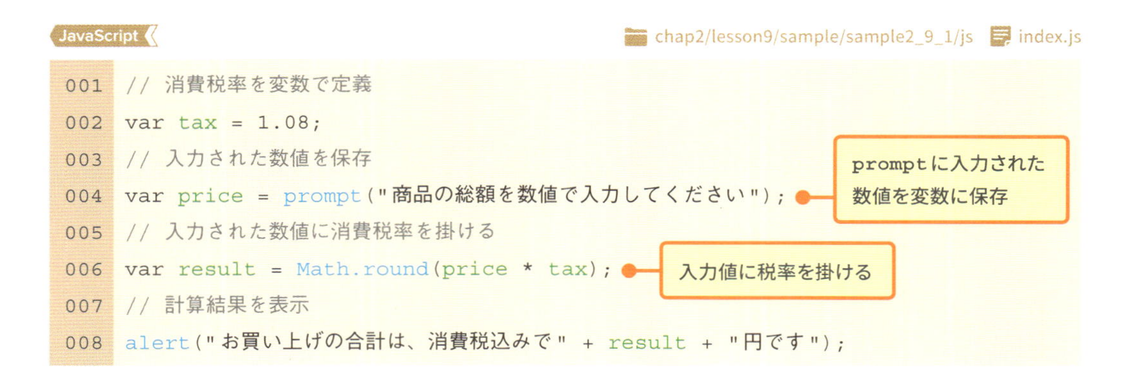

```
001 // 消費税率を変数で定義
002 var tax = 1.08;
003 // 入力された数値を保存
004 var price = prompt("商品の総額を数値で入力してください");
005 // 入力された数値に消費税率を掛ける
006 var result = Math.round(price * tax);
007 // 計算結果を表示
008 alert("お買い上げの合計は、消費税込みで" + result + "円です");
```


上記のコードを書き終えたら上書き保存をしてください。その後、「index.html」をブラウザで表示して確認しましょう。

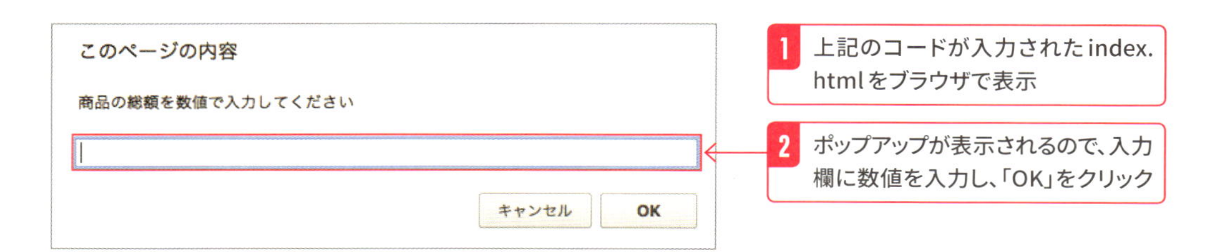

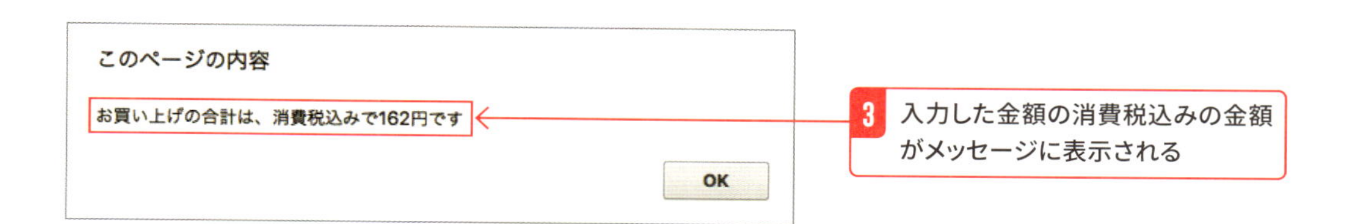

前ページのようにそのコードは何を処理しているのかをコメントとして記述しておくと、処理内容が一目瞭然になります。適切なコメントを付けてわかりやすいコードを記述していきましょう。

POINT

入力値×税率の計算の前に「Math.round」というコードを記述しましたが、これは「メソッド」と呼ばれるものです。メソッドについては『Chapter6 オブジェクト』（p.96）で説明しますが、ここでは入力値×税率の結果を四捨五入しています。

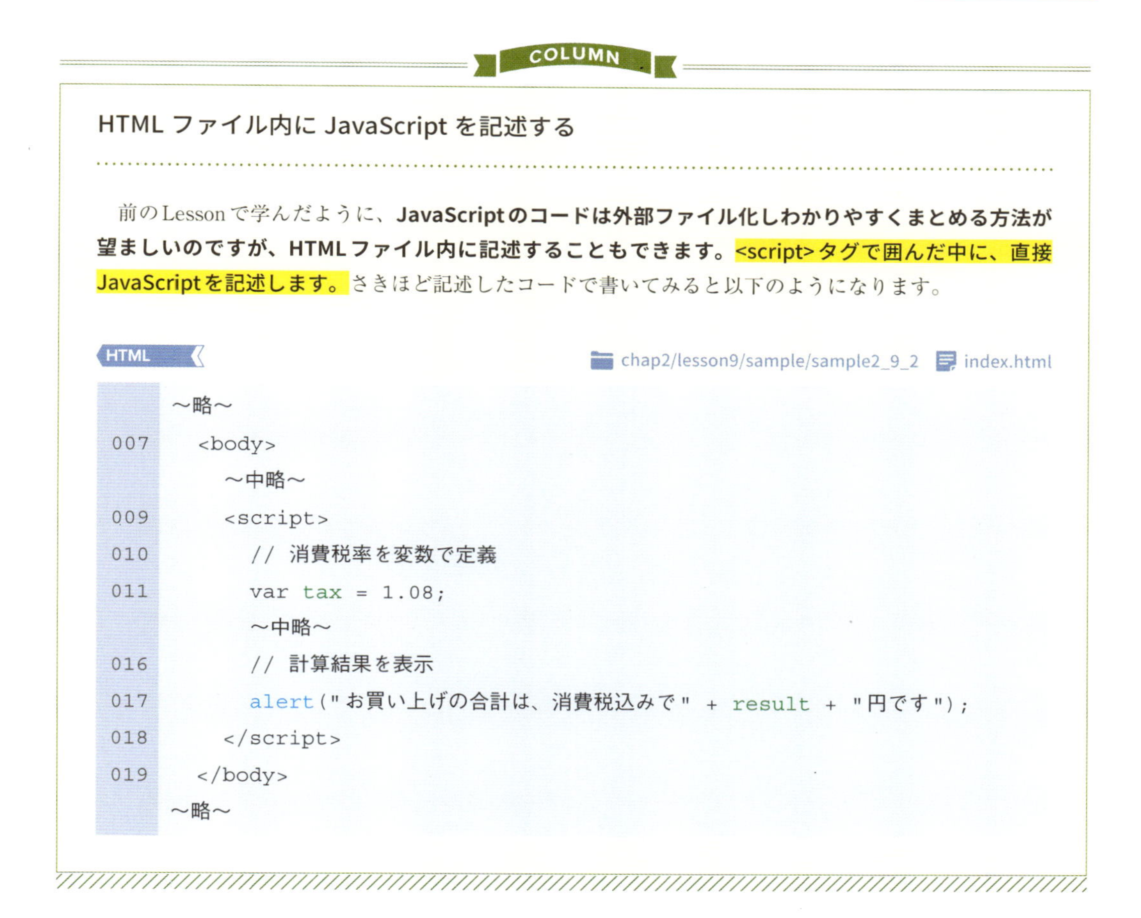

COLUMN

HTML ファイル内に JavaScript を記述する

前のLessonで学んだように、**JavaScriptのコードは外部ファイル化しわかりやすくまとめる方法が望ましいのですが、HTMLファイル内に記述することもできます。<script>タグで囲んだ中に、直接JavaScriptを記述します。**さきほど記述したコードで書いてみると以下のようになります。

HTML　chap2/lesson9/sample/sample2_9_2　index.html

```
    ～略～
007   <body>
        ～中略～
009     <script>
010       // 消費税率を変数で定義
011       var tax = 1.08;
          ～中略～
016       // 計算結果を表示
017       alert("お買い上げの合計は、消費税込みで" + result + "円です");
018     </script>
019   </body>
    ～略～
```

Lesson 10

読みやすいコードの書き方のコツ

今までにも少しずつ学んできましたが、コードを書く際には多くのルールがあります。それらのルールを理解して、わかりやすく丁寧なコードを書くようにしましょう。そうしておけば**書いている自分が見返す時にわかりやすくなるだけでなく、第三者がコードを見る際も理解しやすくなります。**

読みやすいコードを書く際におさえておくべき4つのポイント

読みやすい、わかりやすいコードを書くには大きく4つのポイントがあります。徐々にでもいいのでこれらをおさえてコードを書いていきましょう。

コメントを使用する

JavaScript

```
001 // 消費税率を変数で定義
002 var tax = 1.08;
```

コメントを付ける

変数名のtaxという名前から、この変数が格納する値が税率であるということはイメージしやすいですが、その前にコメントを入れることでわかりやすさがアップします。変数だけでなく、今後はさらに複雑なコードを書くことが増えるので、**このコードはなにをしているのかコメントでわかりやすく説明することを心がけましょう。**

スペース、タブを活用する

JavaScript内では、スペース、タブは意味のあるものとしてあつかわれません。そのため、見やすさ、読みやすさをアップさせるために利用することができます。

実際に、コードが整っていない例と、整っている例を見比べてみましょう。

JavaScript

```
001 var y ="こんにちは";
002 var x= y +"SBさん";
003 alert(x);
```

スペースががきちんと入っていない

=の前後にスペースが入っていたり、入っていなかったりしてとても見づらいですね。

JavaScript

```
001 var y = "こんにちは";
002 var x = y + "SBさん";
003 alert(x);
```

スペースがきちんと入っている

=の前後にスペースを付けて整えているだけですが、ぐっと読みやすくなりました。
このように、スペースまたはタブを使って、適切な余白を取り、コードを見やすくしましょう。

インデントを付ける

インデント（字下げ）を付けることで、コードの読みやすさは格段に上がります。インデントを付けていないコードと、付けているコードを見比べてみましょう。

JavaScript

```
001 function hello() {
002 alert("hello world!");
003 }
004 hello();
```

インデントなし

JavaScript

```
001 function hello() {
002   alert("hello world!");
003 }
004 hello();
```

インデントあり

「alert("hello world!")」が「function hello()」というものの中で記述されている命令だということが、パッと見てすぐにわかるようになりました。

インデントを簡単に付ける方法を知っておきましょう。本書で紹介したテキストエディタ「Brackets」では、**インデントを挿入したい箇所を選択した状態で Tab キーを押すと1つインデントが下がります。** さらに下げたい場合は、もう一度 Tab キーを押しましょう。

COLUMN

Brackets でファイルを開くとエラーが出る時の対処法

Bracketsでサンプルファイルを開いたり、コードを書いていると下図のようなエラーが表示されていないでしょうか。

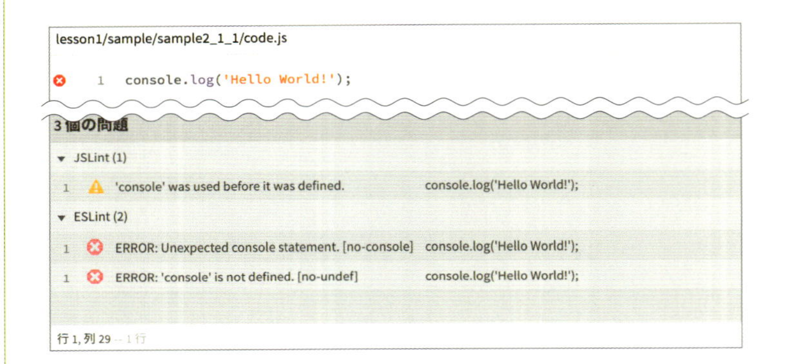

エラーが出ている原因は「JSlint」という機能が働いているためです。JavaScriptの構文などの文法チェックをおこなっているのですが、大変厳格なチェックをおこなっているためエラーと判断しなくていい箇所もエラーと判断して警告文が表示されてしまいます。

エラーを消したい場合は下記のように操作しましょう。

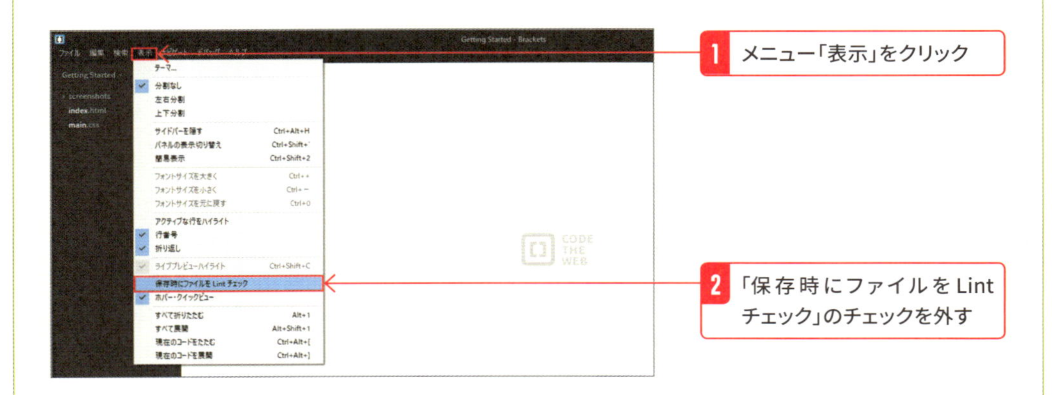

これで文法チェックはおこなわれず、エラーは表示されません。ただ、その他の致命的なエラーを避けたい上級者の方はチェックはそのままにして利用するのもいいでしょう。

Chapter 3

条件分岐

JavaScriptだけでなく、プログラミングの基本ともいえる条件分岐。
難しそうな響きもありますが、基本をしっかりマスターすれば大丈夫。
しっかりと読み進めていきましょう。

Lesson 1

条件分岐の概要

条件分岐とは

条件分岐とは、ある条件によって処理を分岐させることです。処理や分岐という言葉が出てきて難しそうと思われるかもしれませんが、考え方としてはとても単純です。そして、私たちの生活にも条件分岐はあふれています。

例えば、ランチ選びの際に「1000円未満の定食屋さんでご飯を食べる」という条件を付けたりすることがありますよね。これは条件分岐の一つです。「遊園地のある乗り物は身長が100センチ以上であれば乗車できる」というルールも条件分岐です。これらの条件分岐をJavaScriptであらわしたコードを下記に書いています。今はまだ理解しなくて大丈夫なので、このように書くんだな、と目を通すレベルで読んでみてください。

図 ランチ選びの条件分岐

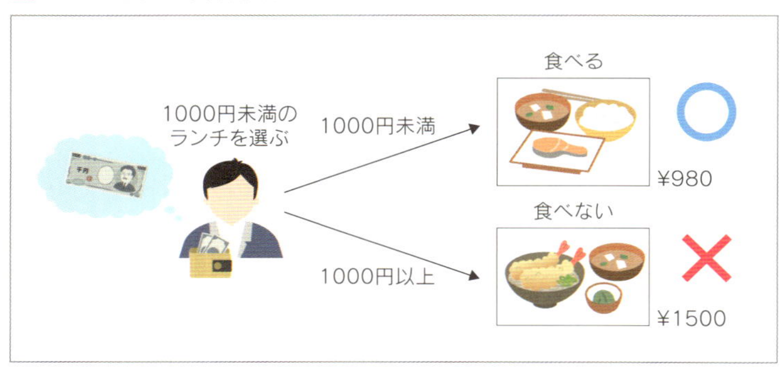

JavaScript　chap3/lesson1/sample/sample3_1_1　code.js

```
001 var lunch = 1000;
002 if (lunch < 1000) {       ● もしランチが1000(円)未満の場合
003   alert("食べる");
004 } else {                  ● それ以外の場合
005   alert("食べない");
006 }
```

図 遊園地の乗り物に乗車できるかどうかの条件分岐

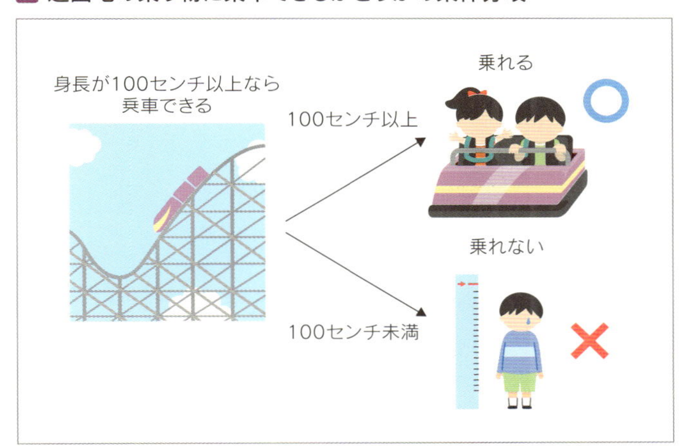

JavaScript　chap3/lesson1/sample/sample3_1_2　code.js

```
001 var height = 100;
002 if (height >= 100) {      ← もし身長が100(センチ)以上の場合
003   alert("乗れる");
004 } else {                  ← それ以外の場合
005   alert("乗れない");
006 }
```

私たちの普段の生活と同じように、プログラムでも、条件分岐を発生させる場面は頻繁にあります。例えば「お問い合わせフォームの電話番号欄に日本語やアルファベットなどの文字列を入力すると、赤文字になる」や「Webサイトのページを少しスクロールすると『ページトップへのボタン』が表示される」なども条件分岐を使って作られています。

COLUMN

条件分岐の作り方で心に留めておくこと

条件分岐のプログラムを作成していく際には、おこないたい処理がなんなのかを整理してから、適切な条件を設定することが大切です。例えば、90点で合格、60点で不合格というテストがあったとしても、何点から合格だというボーダーラインがわからないと条件設定ができません。

作成したい処理をきちんと把握し、的確な条件を作成することを学んでいきましょう。

Lesson 2

if文の基本的な構造

if～else文

条件分岐を実行する構文には大きく分けて2つの種類があります。**if文**と**switch文**の2つです。まずは、オールマイティに条件分岐を実現できるif文について学びましょう。

if文にはいくつかの書き方があるのですが、その中でも基礎となる「もし～ならば」という条件分岐の文章をJavaScriptで実現する書き方を説明します。ここをおさえれば他の書き方についても理解できたも同然なので、しっかりと読み進めていきましょう。

構文 if文(もし～ならば)

```
if (条件式) {
  条件式に合致する場合におこなわれる処理  ● true
}
else {
  条件式に合致しない場合におこなわれる処理  ● false
}
```

上の構文の「if」に続く()内の条件式に合致するかどうかで、それぞれの{}内の処理が実行されます。()内の**条件式に合致することを「true(真)」合致しないことを「false(偽)」といいます。**

では、Lesson1で例に挙げた「身長が100センチ以上であれば乗車できる」の条件を使いながら具体的に説明していきます。

上記の構文に「身長が100センチ以上であれば乗車できる」を挿入してみると以下のようになります。

```
if (身長が100センチ以上) {
  条件「身長が100センチ以上」に合致する場合におこなわれる処理
} else {
  条件「身長が100センチ以上」に合致しない場合におこなわれる処理
}
```

条件式で判定したい条件がなんなのかを導き出せばとても簡単です。ここでは「身長が100センチ以上である」ことが条件となりますね。あとは、その条件に合致する場合の処理と、合致しない場合の処理を書き出しましょう。

それでは、前ページの考え方を踏まえてコードを書いていきましょう。

JavaScript　chap3/lesson2/sample/sample3_2_1　code.js

```
001 var height = 100;
002 if (height >= 100){
003   alert("乗車可能");
004 } else {
005   alert("乗車不可");
006 }
```

身長が100センチ以上

合致する場合はアラート「乗車可能」を表示

合致しない場合はアラート「乗車不可」を表示

JavaScriptでコードを書くとこのようになります。

「身長が100センチ以上」という条件式は、「height >= 100」と記述します。「>=」という記号は「左の値（height）が右の値（100）以上である」とあらわしています。**数学の「≧」と同じ働きをしますが、書き方は「>=」です。**このような記号を**「比較演算子」**といいますが、詳しくは次のLessonで学習しましょう。

上のコードを文章で説明すると「もし身長が100（センチ）以上であれば『乗車可能』というアラートを表示し、100（センチ）未満であれば『乗車不可』というアラートを表示する」ということです。今回は変数heightに値100を設定しているので、コンソールで実行すると結果は以下のようになります。

www.google.co.jp の内容

乗車可能

OK

if文（elseなし）

さきほど学んだ構文ですが、elseを書かないで処理を終わらせることもできます。その際のコードの書き方は以下になります。このコードをコンソールで実行した場合、「身長が100（センチ）未満である」時にはなにも起こりません。条件に合致する場合にのみ処理をおこないたい時に利用するといいでしょう。

JavaScript　chap3/lesson2/sample/sample3_2_2　code.js

```
001 var height = 100;
002 if (height >= 100) {
003   alert("乗車可能");
004 }
```

Lesson 3

比較演算子

比較演算子の種類

ここでは、Lesson2で少し説明した**「比較演算子」**について詳しく説明します。比較演算子とは、if文などの条件分岐で使用される、値を比較する演算子です。文章で説明してもわかりづらいので、Lesson2で使用した条件式を使って説明します。

```
height >= 100
```

「>=」の記号を比較演算子といいます。比較演算子は「>=」だけではなく「===」や「<=」などもありますが、その他の種類については下表を見てください。

「>=」の記号を挟んだ左の値「height」と右の値「100」がありますね。この値を比較する演算子が比較演算子「>=」なのです。ここでは、変数heightに入っている値と、100という値を比較し、変数heightの値が100以上だと示しています。繰り返しになりますが、数学の「≧」と同じ使い方だと考えると一番わかりやすいですね。数学とは記号の書き方が異なるだけです。

比較演算子には以下の表に挙げている種類があります。どの比較演算子を使えばいいのかわからない時は、この表を見返しましょう。

表 比較演算子の種類

比較演算子	例	意味
>	A > B	AはBより大きい
>=	A >= B	AはB以上
<	A < B	AはBより小さい（未満）
<=	A <= B	AはB以下
===	A === B	AはBと等しい
!==	A !== B	AはBと等しくない

COLUMN

比較演算子「==」「!=」は使用しない

比較演算子「===」「!==」は、数値だけではなく文字列を比較することができます。指定した文字列に合致するか合致しないかを比較する場合に使用するのですが、この時気を付けなければならないことがあります。

実は、さきほど表に挙げた比較演算子には2つの比較演算子が抜けています。何故書いていないかというと、必要な場合をのぞき使用しない方がいい比較演算子だからです。

その2つの比較演算子とは「==」「!=」です。「===」「!==」と記号も非常によく似ていて、比較する内容も「指定した数値または文字列に合致するかしないか」で、ほぼ一緒のように見えます。ですがその比較の仕方に大きな違いがあるのです。その違いを、コードを使って説明します。

JavaScript　chap3/lesson3/sample/sample3_3_1　code.js

```
001 var x = "100";
002 var y = 100;
003 console.log(x == y);
```

「==」

コンソールでこのコードを実行すると、結果は「true」になります。

JavaScript　chap3/lesson3/sample/sample3_3_2　code.js

```
001 var x = "100";
002 var y = 100;
003 console.log(x === y);
```

「===」

今度の結果は「false」です。

2つの結果を見て、それぞれの比較の仕方の違いに気付いた人は鋭いですね。説明すると、「==」は数値と文字列というデータ型は考慮せずに比較します。一方、「===」はデータ型も考慮して比較しています。そのため、値が同じであっても異なる結果が生じるのです。

これは「!=」と「!==」についても同様で、「!=」はデータ型を考慮せず、「!==」はデータ型を考慮して比較します。

では、どちらを使えばいいかですが、**データ型を考慮して比較する「===」「!==」を使うようにしてください。**データ型を考慮せずにプログラムを書くのに慣れると、JavaScriptでは問題は起きないかもしれませんが、他のプログラミング言語を学ぶ際に非常に大変です。他のプログラミング言語ではデータ型を丁寧に扱っているので、異なるデータ型を比較しようとするとエラーが出てしまいます。

Lesson 4

複数条件の組み合わせ

else if文

これまでに学んだ条件分岐は条件が1つのものだけでしたが、2つ以上の条件を加えたい場合もあると思います。そのような時にどうコードを書けばいいのかを説明します。

Lesson2で例に挙げた「身長が100センチ以上」という条件に合致しなかった場合に、さらにもう1つ条件を加えてみます。「身長が100センチ以上であれば乗車可能」で、さらに「90センチ以上であれば付き添いありで乗車可能」という条件分岐をコードであらわすと以下のようになります。

JavaScript　chap3/lesson4/sample/sample3_4_1　code.js

```
001 var height = 90;
002 if (height >= 100) {          ● 身長が100センチ以上
003   alert ("乗車可能");
004 } else if (height >= 90) {    ● 身長が100センチ以上ではないが90センチ以上である
005   alert ("付き添いありで乗車可能");
006 } else {                      ● いずれの条件にも当てはまらない
007   alert ("乗車不可");
008 }
```

上記のコードを見ると「else　if」というワードが「if」に続く条件式になっていることがわかるでしょうか。今回はheightの値は90で、100以上ではありませんが90以上なので、「付き添いありで乗車可能」と表示されるというわけです。

図 上記コードの図解

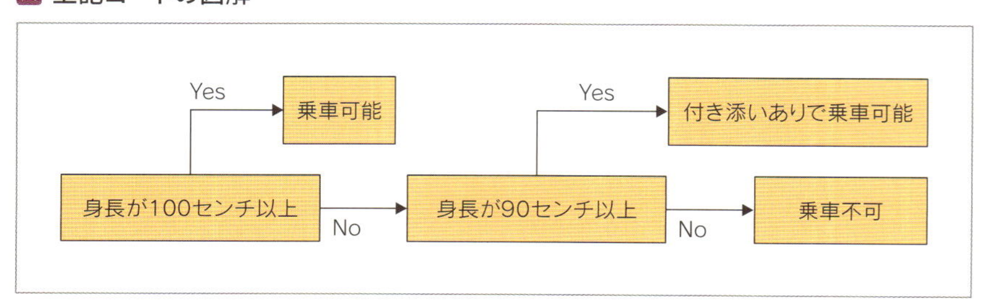

「else if」を使った複数の条件式の構成を説明したものが以下です。

構文 **if〜else if〜else文**

```
if (条件式A) {
  条件式Aがtrue(真)の時の処理
} else if (条件式B) {
  条件式Aがfalse(偽)であるが、条件式Bがtrue(真)の時の処理
} else {
  条件式AにもBにも当てはまらない時の処理
}
```

条件式を複数入れたい時は、if文に続いて上記のようにelse ifを挿入しましょう。また、3つ以上の条件式を入れたい場合は、else ifを増やしてください。具体的に説明すると、以下のようになります。

構文 **条件式が3つ以上の場合のコードの書き方**

```
if (条件式A) {
  条件式Aがtrue(真)の時の処理
} else if (条件式B) {
  条件式Aがfalse(偽)であるが、条件式Bがtrue(真)の時の処理
} else if (条件式C) {
  条件式AとBがfalse(偽)であるが、条件式Cがtrue(真)の時の処理
} else {
  条件式A、B、Cいずれにも当てはまらない時の処理
}
```

「else if」を増やしていけばいいだけなので、考え方としては単純です。

では次からは、少し複雑な分岐を実現させる方法を説明します。複雑といっても今までに学んだことをそのまま利用するだけなので、心配せずにじっくり読んでいきましょう。

さらに複雑な分岐を実現する

まずは次の文章を読んでみてください。

「身長が100センチ以上であれば乗車可能で、さらにプレミアムチケットを持っていたらプレミアムシー

トに乗車可能。また、身長が90センチ以上であれば付き添いありで乗車可能、それ以外は乗車不可」。
「プレミアムチケットを持っていたらプレミアムシートに乗車可能」という条件が1つ増えて少々ややこしいですね。ただ、文章にして理解するにはそう難しくはないと思います。

ですが、これをコードに置き換えようとすると少し頭をひねらなければなりません。「条件式が1つ増えただけだから、else ifを1つ増やせばいい」という考え方ではNGです。何故この考え方ではダメなのかわからない人は、実際にコードを実行してみましょう。

JavaScript　chap3/lesson4/sample/sample3_4_2　code.js

```
001 var height = 100;
002 var ticket = "premium";
003 if (height >= 100) {
004   alert ("乗車可能");
005 } else if (ticket === "premium") {
006   alert ("プレミアムシートに乗車可能");
007 } else if (height >= 90) {
008   alert ("付き添いありで乗車可能");
009 } else {
010   alert ("乗車不可");
011 }
```

上記のコードをコンソールで実行すると、以下のダイアログボックスが表示されます。

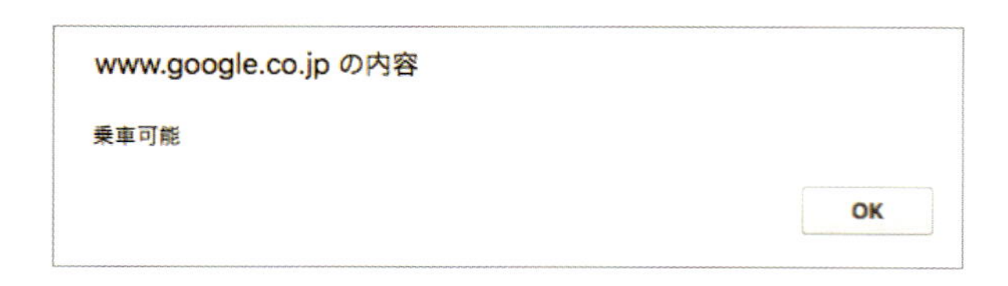

上のコードだと身長が100で、チケットはプレミアムです。表示させたいメッセージは「プレミアムシートに乗車可能」ですが、実際には「乗車可能」と表示されてしまいました。また、heightの値が90、ticketの値がpremiumであった時、身長が100以下なので表示させたいメッセージは「付き添いありで乗車可能」ですが、このコードだと「プレミアムシートに乗車可能」と表示されてしまいます。

上記のコードの問題点は、2つの条件「身長が100以上」「プレミアムチケットを持っている」が結び付いていないという点です。「身長が100センチ以上であれば乗車可能で、さらにプレミアムチケットを持っていたらプレミアムシートに乗車可能」という文章は「身長100センチ以上**かつ**プレミアムチケットを持っていたらプレミアムシートに乗車可能」ということなのです。**「かつ」**をコード上に実現させるには、次の構文を使いましょう。

構文 **複数の条件を同時に満たす**

```
if(条件式A){
  if(条件式B){
   条件式AとBが両方true(真)の時の処理
  }
  else{
   条件式Aのみがtrue(真)の時の処理
  }
}
```

今回の条件分岐を下図にあらわしています。これまでの文章ではややこしくて理解できなかったという人は、下図を見て、どのような条件分岐になっているのか把握してください。

図 コードの図解

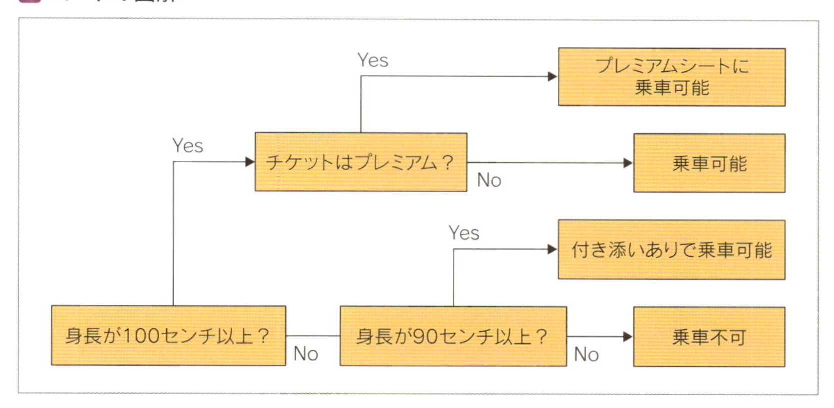

POINT

複雑な条件分岐を一から作っていく時には、このように図解を作成してみるのがおすすめです。どのように条件分岐をさせたいのか混乱してしまうのを防ぐために、図解を自分で組み立てて整理することはとても大切です。

それでは、ここまでの学習を踏まえてもう一度「身長が100センチ以上であれば乗車可能で、さらにプレミアムチケットを持っていたらプレミアムシートに乗車可能。また、身長が90センチ以上であれば付き添いありで乗車可能、それ以外は乗車不可」という条件分岐をコードにあらわしてみましょう。

JavaScript　chap3/lesson4/sample/sample3_4_3　code.js

```
001 var height = 100;
002 var ticket = "premium";
003 if (height >= 100) {
004   if (ticket === "premium") {
005     alert ("プレミアムシートに乗車可能");
006   }
007   else {
008     alert ("乗車可能");
009   }
010 } else if (height >= 90) {
011   alert ("付き添いありで乗車可能");
012 } else {
013   alert ("乗車不可");
014 }
```

上記のコードをコンソールで実行すると、以下のダイアログボックスが表示されます。

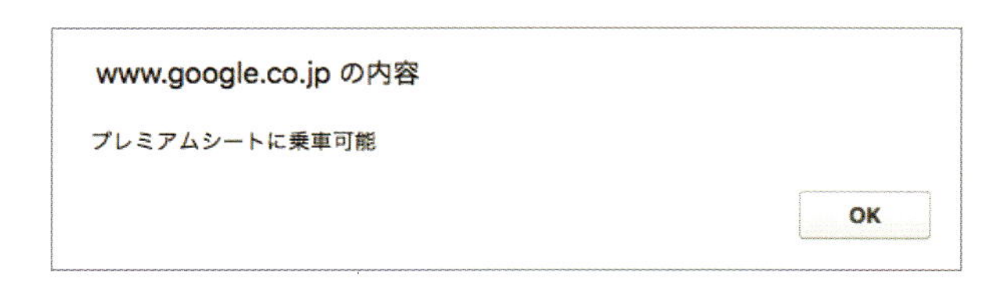

ようやくコードが完成しました、お疲れ様です。長々と説明が続きましたが、要するにこういうことです。

- **単純に複数の条件分岐をおこないたい場合は「else if」で条件式を追加する**
- **複数の条件式を同時に比較したい場合はif文の中にif文を追加する**

複数の条件式を同時に比較したい場合というのは、つまり「条件Aかつ条件B」を満たすか満たさないかで分岐させたい場合のことです。

このような条件分岐をおこなわなければならないプログラムを作成する機会は頻繁に出てきます。if文が乱立して見づらいな、と思われる人もいるかもしれません。実はこのような条件分岐を作成する場合に、非常に見やすくわかりやすい**論理演算子**というものがJavaScriptには用意されています。次のLessonで見ていきましょう。

COLUMN

入力ダイアログボックス「prompt」を使ってみる

本Lessonで作成したコードを利用して、入力ダイアログボックスのpromptを使用してみましょう。promptの入力ダイアログボックスを使って、身長に色んな値を入れて動作を確認してみます。使用するコードは以下になります。

JavaScript　chap3/lesson4/sample/sample3_4_4　code.js

```
001 var height = prompt("身長はいくつですか？");
002 if (height >= 100) {
003   alert ("乗車可能");
004 } else if (height >= 90) {
005   alert ("付き添いありで乗車可能");
006 } else {
007   alert ("乗車不可");
008 }
```

上記コードをコンソールで実行すると、以下の入力ダイアログボックスが表示されます。

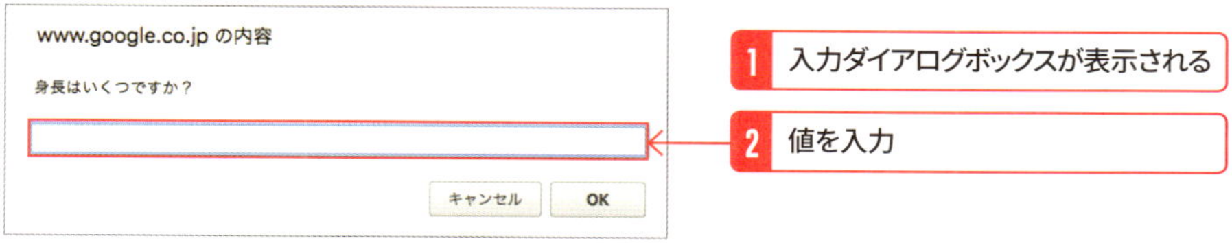

www.google.co.jp の内容
身長はいくつですか？
キャンセル　OK

1 入力ダイアログボックスが表示される
2 値を入力

下のダイアログボックスのメッセージは、それぞれ140を入力した場合と、95を入力した場合の結果です。

・140を入力

www.google.co.jp の内容
乗車可能
OK

・95を入力

www.google.co.jp の内容
付き添いありで乗車可能
OK

promptはこのように、入力ダイアログボックスを表示して、ユーザーに値を入力させることができます。

Lesson 5

論理演算子

3つの論理演算子の使い方

Lesson4で最後に紹介した「複数の条件を同時に比較するコードを簡単にわかりやすく実現できる」**論理演算子**を学びましょう。

まずは具体的に理解するために「身長が100センチ以上**かつ**年齢が5歳以上の場合に乗車可能」という条件で考えてみます。今までは**「かつ」**をコード上で表すためにはif文の中にif文を入れていましたが、この**「かつ」は論理演算子であらわすことができるのです。**

論理演算子には以下の種類があります。

表 論理演算子の種類

論理演算子	例	意味
&&	A && B	AかつB
||	A || B	AまたはB
!	!A	Aではない

「かつ」の他にも「または」「ではない」なども論理演算子であらわせます。これらの使い方を一度に説明するとわかりにくいので、まずは「かつ」をあらわす「&&」の使い方を説明します。数学で習う「AND」と同じ書き方です。

構文 論理演算子(&&の場合)

```
if(条件式A && 条件式B){
  条件式AとBが両方true(真)の時の処理
} else {
  それ以外の時の処理
}
```

上記の構文を参考にして「身長が100センチ以上かつ年齢が5歳以上の場合に乗車可能」という条件をコードに書いてみましょう。

JavaScript　chap3/lesson5/sample/sample3_5_1　code.js

```
001 var height = 100;
002 var age = 5;
003 if (height >= 100 && age >= 5) {
004   alert ("乗車可能");
005 } else {
006   alert ("乗車不可");
007 }
```

身長が100センチ以上 かつ 年齢が5歳以上

上記コードをコンソールで実行してみてください。下記のダイアログボックスが表示されたでしょうか。

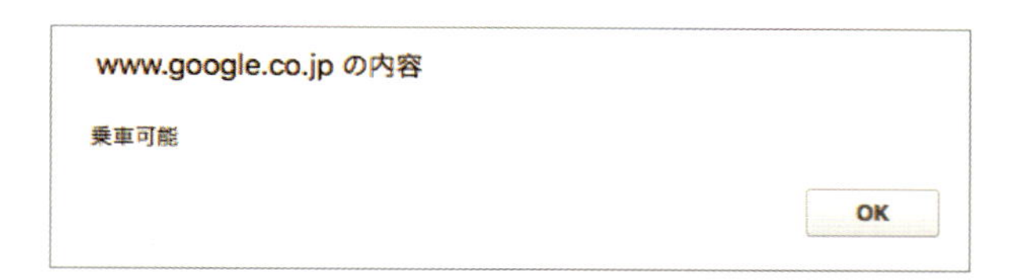

それでは、次は「または」を表す「||」の使い方を説明します。構文は以下です。

構文 **論理演算子(||の場合)**

```
if(条件式A||条件式B){
  条件式AとBの少なくともどちらか一方がtrue（真）の時の処理
} else {
  条件式Aも条件式Bもfalse（偽）の時の処理
}
```

数学で習う「OR」と同じ書き方ですね。それでは、実際に使ってみましょう。「身長が100センチ以上**または**年齢が5歳以上で乗車可能」という条件をコードにします。

JavaScript　chap3/lesson5/sample/sample3_5_2　code.js

```
001 var height = 100;
002 var age = 4;
003 if (height >= 100 || age >= 5) {
004   alert ("乗車可能");
005 } else {
006   alert ("乗車不可");
007 }
```

身長が100センチ以上 または 年齢が5歳以上

ageは4ですがheightは100なので「height >= 100」という条件は満たしています。ですので、コンソールで実行すると、「乗車可能」というメッセージのダイアログボックスが表示されます。

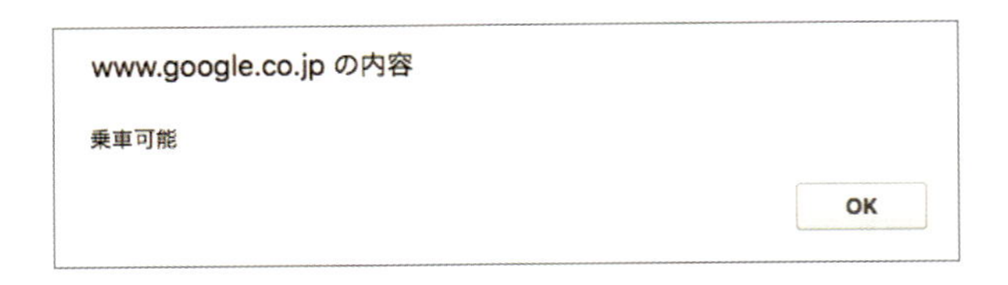

それでは最後に「～ではない」を表す「!」の使い方を説明します。以下が構文です。

構文 **論理演算子(! の場合)**

```
if(!(条件式A)){
  条件式Aがfalse（偽）の時の処理
} else {
  条件式Aがtrue（真）の時の処理
}
```

数学の「NOT」と同じ書き方ですね。具体例として、「年齢が5歳以上でない時に乗車可能」をコードであらわしましょう。

JavaScript　chap3/lesson5/sample/sample3_5_3　code.js

```
001 var age = 3;
002 if (!(age >= 5)) {
003   alert ("乗車可能");
004 } else {
005   alert ("乗車不可");
006 }
```

年齢が5歳以上ではない

ageは3で、条件式が「年齢が5以上**ではない**」ため、コンソールで実行すると以下の「乗車可能」というメッセージのダイアログボックスが表示されます。

www.google.co.jp の内容

乗車可能

OK

Lesson 6 switch文

ここまでif文のさまざまな書き方を学んできました。本ChapterのLesson2で少し話しましたが、条件分岐にはif文の他にも、switch文というものがあります。

条件分岐の締めくくりとしてswitch文を学んでいきましょう。

switch文の使い方

昔は多くの家庭にあった鳩時計をご存知でしょうか。鳩時計とは1時間毎に時間に応じた回数の音を鳴らしてくれる時計です。1時には1回、2時には2回、というように音を鳴らしてくれます。

このように、時間という**「1つの対象」に対して「複数の分岐」がある場合に便利なのがswitch文です。**もちろん今までに学んだif文で記述していくこともできますが、switch文を使うと非常にシンプルにコードを書くことができます。まずは構文を見てみましょう。

「条件」には変数や条件式が入りますが、今回は「変数」で考えてみましょう。

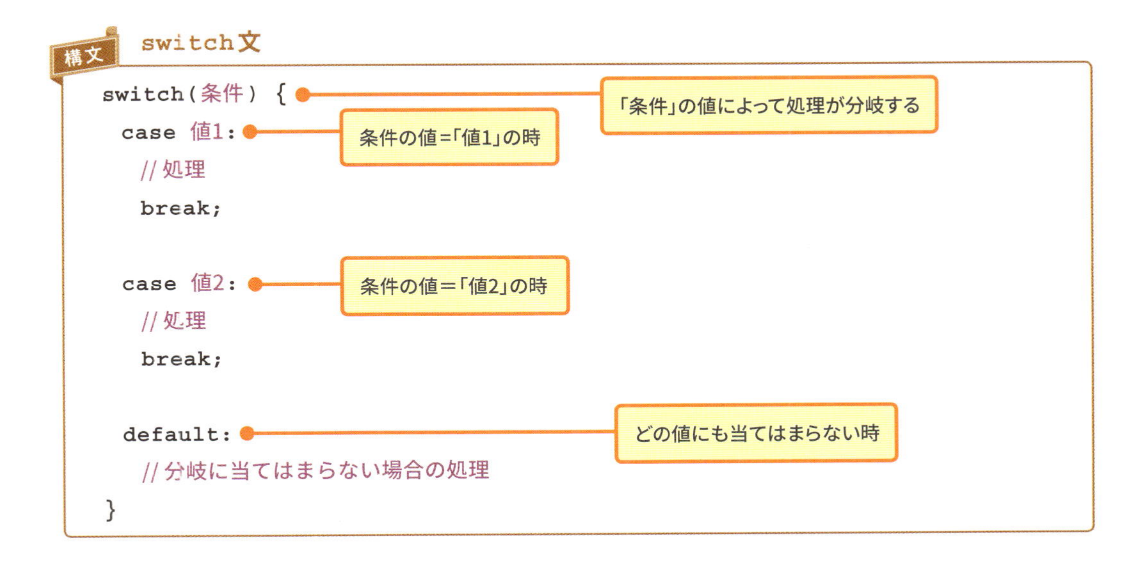

POINT

「case」の終わりには「break;」と書き、分岐の終了を明確にしましょう。また、「case」に続く値の文末には「;（セミコロン）」ではなく「:（コロン）」を書く点も要注意です。

構文だけ見るとわかりづらいので、実際にコード上でどのような動きをおこなうのか確認しましょう。はじめに例に挙げた鳩時計をコードであらわしてみます。今回は、1時、2時、3時に、それぞれの時間の回数分だけ音が鳴るコードを以下に記述しました。

JavaScript　chap3/lesson6/sample/sample3_6_1　code.js

```
001 var time = "2時";
002 switch (time) {
003   case "1時":
004     alert ("1回音を鳴らします");
005     break;
006   case "2時":
007     alert ("2回音を鳴らします");
008     break;
009   case "3時":
010     alert ("3回音を鳴らします");
011     break;
012   default:
013     alert ("音は鳴りません。");
014 }
```

- 003行目：「time」の値＝1時の時
- 006行目：「time」の値＝2時の時
- 009行目：「time」の値＝3時の時
- 012行目：どの値にも当てはまらない時

非常に見やすくシンプルなコードですね。実際に上記のコードを実行すると、timeは「2時」と設定したので以下のメッセージのダイアログボックスが表示されます。

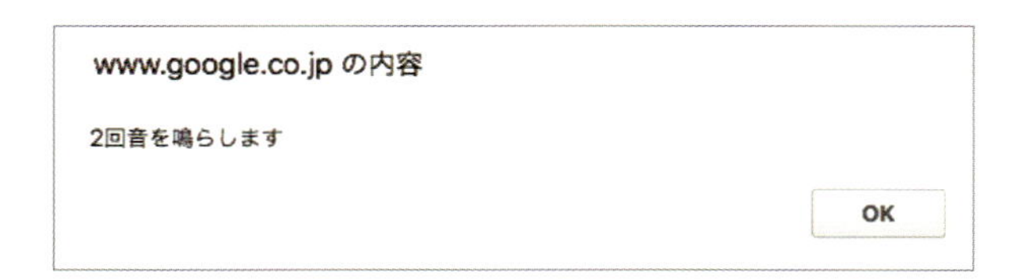

Lesson 7

まとめ

【実習】簡単な電車ナビをつくる

以上ですべての条件分岐を学びました。それでは、ここまで学んできた条件分岐を駆使して、「目的駅に停まる電車はどれか」を案内する簡単な電車ナビのプログラムを作ってみましょう。

図 作成する電車ナビのイメージ

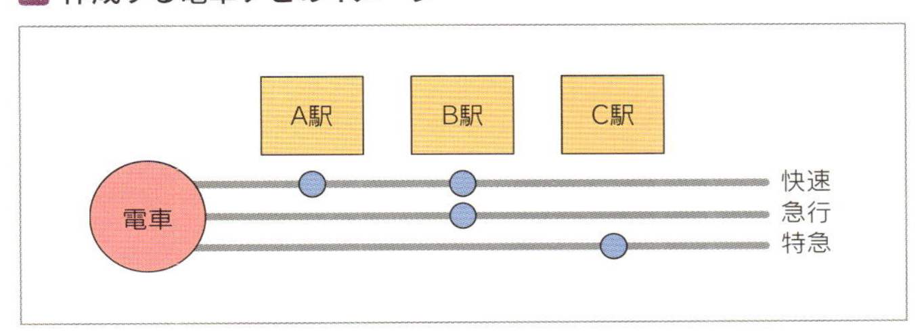

上図であらわしている通りですが、今回は以下の前提を踏まえて作成していきましょう。

- A駅に停まる電車は快速
- B駅に停まる電車は快速と急行
- C駅に停まる電車は特急

文章や図だけ見ると、とても複雑なプログラムを作らなければいけないと思われるかもしれませんが、考え方をはじめに整理しておけば、非常にシンプルなプログラムだということがわかります。心配せずにゆっくりと読んでいきましょう。

まずは、どのように「目的駅に停まる電車はどれか」を案内させるか整理しましょう。

STEP.1 ユーザーの目的駅はどこか取得する
→ユーザーに目的駅を入力させる（promptダイアログボックス）

STEP.2 ユーザーの目的駅に停まる電車はどれか判定する
→A駅、B駅、C駅に停まる電車を設定し、入力値によって判定する（switch文）

STEP.3 どの電車に乗ればいいか案内する
→どの電車に乗ればいいかダイアログボックスで表示する（alertダイアログボックス）

では、実際にコードとして記述するにはどのように書けばいいのか、順番に考えていきましょう。

STEP.1 ユーザーに目的駅を入力させる

ユーザーに値を入力させたいので、promptダイアログボックスを使いましょう。書き方を忘れた人は『Lesson4 複数条件の組み合わせ』のCOLUMN（p.53）を見返してください。今回は少し長いコードを書くので「practice3_7_1」フォルダの「js」フォルダにある「index.js」にコードを書いていきましょう。

JavaScript　chap3/lesson7/sample/sample3_7_1/js　index.js

```
001 // station変数に入力結果を格納
002 var station = prompt("1.A駅 2.B駅 3.C駅\n行き先の駅を1, 2, 3から選んでください");
```

変数stationに、ユーザーが入力した値を格納します。この時の注意点ですが、promptで取得した値はすべて文字列になり、たとえ「1」や「3」などの数値が入力されても文字列として認識されてしまいます。ここでは以下のように、取得した文字列を数値に変換しておきましょう。

JavaScript　chap3/lesson7/sample/sample3_7_1/js　index.js

```
003 // promptから得た値は文字列となるので、後の処理のために数値に変換しておく
004 station = Number(station);
```

POINT

文字列を数値に変換したい時は、メソッド「Number」を使います。「Number(数値に変換したい変数)」というように使ってください。メソッドについての詳しい説明はp.96にあるので、ここではそういうものがあるのだなと理解するだけで大丈夫です。

STEP.2 A駅、B駅、C駅に停まる電車を設定し、入力値によって判定する

まずはここで書くswitch文の構造を理解しておきましょう。

はじめにユーザーの入力値毎に、処理を分岐させます。分岐させた後に欲しい情報をそれぞれ取得できるように設定します。欲しい情報というのは、各駅に停まる電車がどれなのかという情報です。冒頭で説明した前提を思い出しましょう。

- A駅に停まる電車は快速
- B駅に停まる電車は快速と急行
- C駅に停まる電車は特急

それでは、実際にコードを書いてみましょう。

忘れがちなのですが、まずは各駅に停まる電車がどれなのかという情報を格納する変数を定義します。

JavaScript　chap3/lesson7/sample/sample3_7_1/js　index.js

```
005 // その駅に停まる電車の種類を格納する変数
006 var type;
```

それではswitch文を書いていきましょう。stationの値が「1」なのはA駅でしたね。「2」はB駅、「3」はC駅です。この値で分岐させ、分岐後の処理にはさきほど定義したtypeに「各駅に停まる電車がどれなのか」という情報を入れます。

これでswitch文は完成だと思ってしまいそうですが、「ユーザーが1、2、3以外の数字を入力してしまっていた場合」を考えましょう。この場合は設定した値のいずれにも当てはまらない時に使う「default:」の直後にアラートを表示してあげましょう。

以上の点を踏まえると、下記のコードができあがります。

JavaScript　chap3/lesson7/sample/sample3_7_1/js　index.js

```
007 switch (station) {
008   case 1:                          A駅に停まる電車
009     type = "快速";
010     break;
011   case 2:                          B駅に停まる電車
012     type = "快速と急行";
013     break;
014   case 3:                          C駅に停まる電車
015     type = "特急";
016     break;
017   default:                         1〜3以外を入力した場合
018     // 選択肢以外のものを入力した場合はエラー文を表示
019     alert("駅が正しく入力されていません。このページを再度読み込んでください。");
020 }
```

自分の思っていたコードと明らかに違う、うまくいかない、という場合にはもう一度上の文章を読んでみてください。落ち着いて考えれば理解できるので、ゆっくりと見直しましょう。

STEP.3 どの電車に乗ればいいかダイアログボックスで表示する

最後にユーザーへ、今回のプログラムの目的である「目的駅に停まる電車はどれか」を案内してあげましょう。ここではメッセージを表示させるだけなので、alertダイアログボックスを使います。

このダイアログボックスを表示させる前に一つ注意したいのが、ユーザーが入力した値が正しい値かどうかを確かめるif文を入れる必要があるということです。

このChapterで学んだことを復習するのにちょうどいい機会なのでもう一息がんばりましょう。

「stationの値が1以上かつ3以下」という条件式を比較演算子と論理演算子であらわします。「以上」は「>=」、「以下」は「<=」、「かつ」は「&&」でしたね。「1以上」と「3以下」を「かつ」でつなげればいいので、「station >= 1 && station <= 3」と記述することができます。

以上をコードにまとめると、下記のようになります。

JavaScript　chap3/lesson7/sample/sample3_7_1/js　index.js

```
021 // 入力された値が正しければメッセージを出力
022 if (station >= 1 && station <= 3) {
023   alert("その駅には" + type + "の電車が停まります");
024 }
```

それではコードを書き終えたら「practice3_7_1」フォルダにあるindex.htmlをブラウザで表示してみましょう。promptダイアログボックスが表示されるので、今回は「2」を入力欄に入力して実行してみます。下図のような画面が表示されたでしょうか？

これまで学んできた多くの種類の構文を使用し、複数の条件が組み合わさったコードを書けるようになりました。大変お疲れ様でした！

条件分岐はJavaScriptでプログラムを作っていく上で、非常に多く使われる構文の一つです。理解を深めるために、このコードに手を加えて駅を増やしたり、最後のif文の条件分岐を増やしたりするのもとてもいい勉強になりますのでぜひやってみてください。

Chapter 4

繰り返し

条件分岐に加えて、プログラミングで欠かせないものが繰り返しです。
一度ではなく複数回同じ処理をおこないたい時に
非常に便利なのでしっかり学んでいきましょう。

Lesson 1

繰り返しの基本

繰り返しとは

条件分岐を学んだ後は、「繰り返し」を学びましょう。

プログラムは日常にある行為をプログラミング言語に置きかえて実行するものだといってもいいでしょう。条件分岐も日常の中にあふれていましたが、「繰り返し」も同様です。

例えば「100ページの本を読む」を例にすると、「1ページ読むことを100回繰り返すことで100ページの本を読み切る」という「繰り返し」がおこなわれています。また、「ビンゴゲームでビンゴになるまでビンゴカードのマスを開ける」ということも「繰り返し」です。

POINT

繰り返しは、「ループ処理」とも呼ばれます。

この「繰り返し」をプログラムで作成してみましょう。まずは、繰り返しをプログラムにする際の基本的な構造のイメージを知りましょう。

```
繰り返し（繰り返し条件）{
 繰り返し条件に当てはまった時の処理
}
```

さきほど例に挙げた「1ページ読むことを100回繰り返すことで100ページの本を読み切る」「ビンゴゲームでビンゴになるまでマスを開ける」を上記のイメージに当てはめると以下のようになります。

```
繰り返し（100回）{
 本を1ページ読む
}
```

```
繰り返し（ビンゴになるまで）{
 ビンゴカードのマスを開く
}
```

この2つの例を見比べてください。「繰り返し条件に当てはまった時の処理」はそれぞれの処理をおこなっているので違うのは当然ですが、どちらも繰り返しプログラムのイメージの構図にぴったり当てはめることができましたね。ですが、「繰り返し条件」をよく見比べると、以下の違いがあります。

- **繰り返しの回数が決まっている**
- **繰り返しの回数が決まっていない**

「100ページ読む」は、「100回」という繰り返しをおこなう回数が指定されています。一方「ビンゴになるまで」は、繰り返しをおこなう回数は指定されずに具体的な条件が指定されています。

このように、繰り返しは大きく分けて2つの種類があります。それぞれ、**「繰り返しの回数が決まっている」ものはfor文、「繰り返しの回数が決まっていない」ものはwhile文**という構文でプログラムを作ります。

図 for文とwhile文の違い

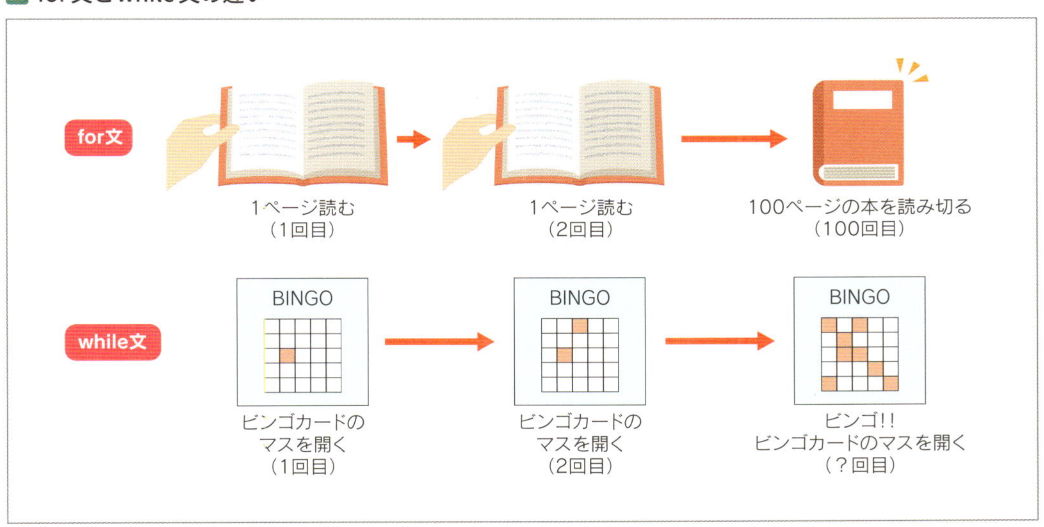

次のLessonから、for文とwhile文をより具体的に学んでいきましょう。

Lesson 2

for 文

for 文の使い方

繰り返しの基本の考え方は理解できたでしょうか。まずは**「繰り返しの回数が決まっている」for 文**を学んでいきましょう。for 文の構文は以下の通りです。

構文 **for 文**

```
for (初期値;繰り返し条件式;値を増減させる式) {
    カッコ内の条件に合致した時の処理
}
```

「初期値」「値を増減させる式」など、見慣れない単語があってよくわかりませんね。それでは具体的な例を見ていきましょう。

ここでは「電話を10回鳴らす」を例にしています。まずは完成形のコードとコンソールでの実行結果を見ましょう。

JavaScript　chap4/lesson2/sample/sample4_2_1　code.js

```
001 // 電話を10回鳴らす
002 for (var i = 0; i < 10; i++) {
003   console.log(i + 1 + "回目")
004 }
005 console.log("電話を" + i + "回鳴らしました。")
```

10回繰り返し

```
1回目
2回目
3回目
4回目
5回目
6回目
7回目
8回目
9回目
10回目
電話を10回鳴らしました。
>
```

コードの内容は、文字列を10回表示して、最後に繰り返しを何回おこなったかメッセージを表示させる単純な内容です。それでは、for文による繰り返しの構文がどのような働きで指定された分だけ繰り返しをおこなっているかを見ていきましょう。

JavaScript

```
002 for (var i = 0; i < 10; i++) {
003   console.log(i + 1 + "回目")
004 }
```

```
      ❶        ❷              ❸
for (初期値; 繰り返し条件式; 値を増減させる式) {
    括弧内の条件に合致した時に行う処理
}
```

(var i = 0; i < 10; i++)という箇所がややこしく見えますが、Lesson1で学んだことを思い出してください。**このカッコで囲まれた部分は「繰り返し条件」です。この部分で「10回繰り返す」という条件を設定しているのです。**このことを意識すればとても簡単です。順番に見ていきましょう。

初期値は❶「var i = 0」です。ここでは「変数iの値は0」と初期設定をおこなっています。この変数iを使って「10回繰り返し」を指示していきます。

❷「繰り返し条件式」を見る前に、❸「値を増減させる式」を見ましょう。❸「値を増減させる式」は「i++」です。「++」というのは「1を足す」ことをあらわしています。ここでは「変数iに1を足す」という意味です。この「++」はインクリメント演算子というものです。詳しくは後ほど説明します。

ここまでをまとめると「変数iの初期値は0で、1を足すことを繰り返す」ということになります。ですが、これだけでは処理が永遠に終わりません。そこで❷「繰り返し条件式」で処理を終わらせる条件式を加えます。

❷「繰り返し条件式」は「i < 10」です。「iが10未満」の条件を満たすまでiに1を足し続けるということになります。「iが10以下（10を含む）」ではなく「iが10未満（10を含まない）」である理由は、はじめにiに0を設定しているためです。0は1回目としてカウントされるので、iが9になった時が10回目としてカウントされます。

長々と説明しましたが、for文の動きは理解できたでしょうか。使っていくと慣れていくので、実際にコードで触れつつ学んでいきましょう。

POINT

繰り返しで使用されるカウント用の変数（カウンタ変数といいます）は「i」を使用することが大変多いですが、countNumberや、countsなどといった、カウンタ変数であると認識しやすい名前を使うことももちろん可能です。

インクリメント演算子とデクリメント演算子

さきほどのコードの中で「i++」というものが出てきました。この「++」とは、インクリメント演算子と呼ばれる演算子です。同じような働きをするものにデクリメント演算子というものもあります。

表 インクリメント演算子とデクリメント演算子

演算子	例	返す値	意味
++	i++ / ++i	iが0の場合1	iの値を1増やす
--	i-- / --i	iが0の場合-1	iの値を1減らす

インクリメント演算子「++」はLesson1で学んだように、対象の変数に対して「+1」をおこないます。デクリメント演算子「--」はその逆で「−1」をおこないます。どちらもfor文では必ずといっていいほど利用するので覚えておきましょう。

また、++と--には2通りの書き方があります。先頭に変数が付くものと、末尾に変数が付くもので動きは似ていますが、使い方は異なります。下記のコードをそれぞれコンソールで実行してみてください。

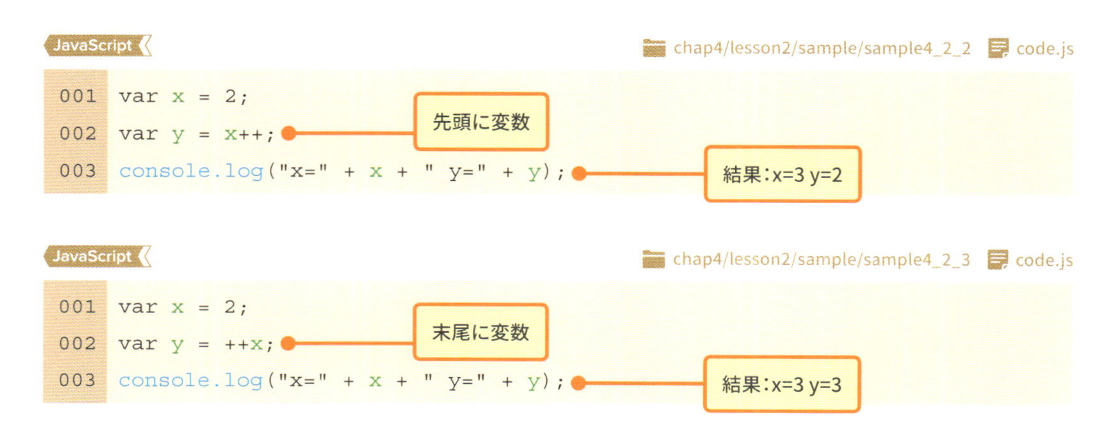

「x++」と「++x」とで結果が異なりますね。xの値は2つのコードで結果に違いはありません。一方、yの値は2つのコードで異なる結果になりました。

この違いは**++の処理（値を1増やす）がいつおこなわれているのかの違い**によって生じています。x++の場合、yにxの値（2）が代入された後に++の処理がおこなわれます。++xの場合、yにはxの値（2）に++の処理がおこなわれた後に代入されています。

−−の場合にも同様のルールが適用されるので、使い方に気を付けて使用しましょう。

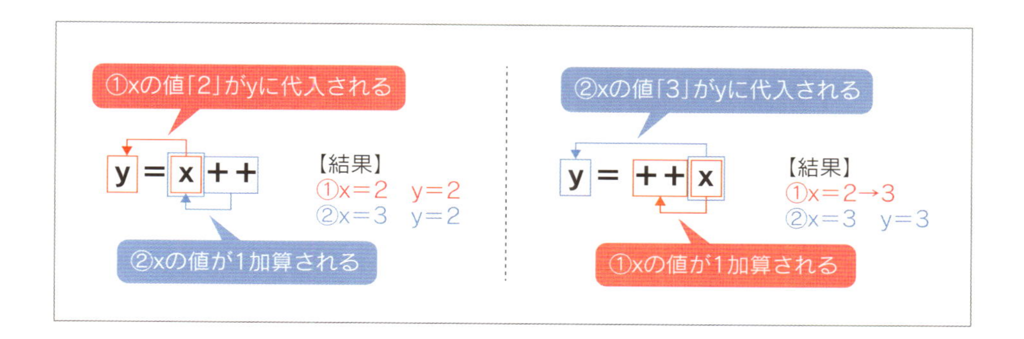

配列を for 文で処理する

for文は、配列のような複数のデータを持つものを処理することに非常に適しています。

次のコードは配列に入っている文字列をコンソールに表示するよう書かれたものです。

JavaScript　chap4/lesson2/sample/sample4_2_4　code.js

```
001 var array = ["渋谷区", "港区", "新宿区"];
002 for (var i = 0; i < array.length; i++) {
003   console.log(array[i]);
004 }
```

配列をfor文ですべて抜き出し

変数arrayに配列を代入し、for文の中でarray[0]からarray[2]までをコンソールに表示させています。

今回は配列の中に入っているデータの数が3だとわかっているのでfor文の条件式は「i<2」と書くこともできますが、毎回データ数を数えるのも面倒ですし、配列の中のデータ数が不明な場合もあります。このような時には「配列名.length」を使用するのが便利です。**「配列名.length」は、指定した配列のデータ数を返してくれます。**そのため、条件式に「i < array.length」と指定することでfor文の処理が3回繰り返されるということになります。

上記のコードを実行するとコンソールに表示される結果は下記のようになります。

```
渋谷区
港区
新宿区
```

Lesson 3

for文を使ってプログラムを作ろう

【実習】RPGゲームのレベルアップのプログラムを作ろう

for文による繰り返し処理の作り方は理解できたでしょうか？　このLessonではまとめとして、for文を使ったプログラムを作ってみましょう。

今回作るプログラムは、RPGゲームではお決まりのレベルアップの仕組みです。勇者が経験値を取得し、レベルアップしたかどうかをプログラムで表示させます。Chapter3の実習（p.59）で説明したように、まずはどのようにプログラムを組み立てていくか整理しましょう。

STEP.1 勇者に経験値を取得させる

　→ランダムに経験値を取得させる（Math.random()、Math.floor()）

STEP.2 レベルアップしたかどうかを判断する

　→レベルアップしたかどうかで処理を分岐させる（if文）

STEP.3 STEP1、2を繰り返す

　→経験値取得～レベルアップまで繰り返し（for文）

STEP.1 ランダムに経験値を取得させる

経験値を取得させるコードを書く前に、勇者が現在持っている総経験値とレベルアップまでに必要な経験値を設定しましょう。今回はコードが少し長いので、「practice4_3_1」フォルダの「code.js」ファイルに記述していきましょう。途中、行が空いたり「～中略～」という文字が出てきますが、完成形のフォルダ「sample」から引用しているだけなので無視して入力して下さい。

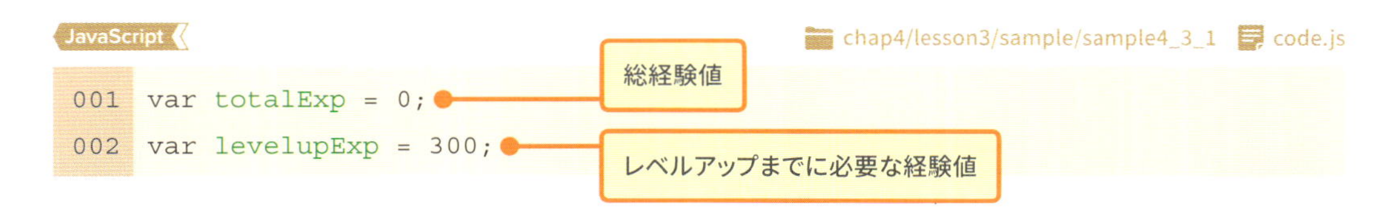

次に、経験値を取得させるコードを書きます。取得する経験値は、今回はランダムな値を設定しましょう。Math.random()は0から1未満の少数（0～0.999…）をランダムに返してくれるのでこれを利

用します。ですが、そのまま使うと「値が小さい」「小数点が追加されてしまう」という問題が発生するのでこれを解決します。

「値が小さい」の解決方法ですが、Math.random()に「取得できる経験値の最大値+1」を掛けます。「+1」としているのは、例えば「80」を最大値としたい場合に「80」をそのまま掛けてしまうと、Math.random()は1未満の値を返すので「80」にはなりません。なので「+1」を設定します。また、最小値も決めましょう。「Math.random() * (取得できる経験値の最大値+1)」に「取得できる経験値の最小値」を足してください。例えばMath.random()が0を返した場合も、「+30」を足しておくことで最小値は30になります。ここで一つ注意したいのが、最大値の値です。最小値を代入すると必ず「+30」されるので、最大値の設定には「−30」してあげなければなりません。よって、「(Math.random() * 51) + 30」というコードになります。

ランダムな値を以下の範囲で出したい時
最大値=80　最小値=30

Math.floor(Math.random() * 51) + 30
(最大値−最小値) +1　最小値

そして「小数点が追加されてしまう」のを防ぐにはMath.floor()を使用します。Math.floor()を使用することで、値の切り捨てがおこなわれます。

以上を踏まえたコードが以下になります。

JavaScript　chap4/lesson3/sample/sample4_3_1　code.js

```
004 var exp = Math.floor(Math.random() * 51) + 30;
```

上記で設定した経験値を、勇者の現在の総経験値に加えます。そして、何回目のトレーニングでいくらの経験値を得たのかをコンソールに表示させます。下記がそのコードです。

「+=」は前後の変数や数値を足した結果を、前の変数に格納する演算子です。つまり、下記のコードは「totalExp = totalExp + exp;」と同じ意味です。便利なので覚えましょう。

JavaScript　chap4/lesson3/sample/sample4_3_1　code.js

```
005 totalExp += exp;
006 console.log("勇者は" + (i + 1) + "回目のトレーニングで" + exp + "の経験値を得た");
```

STEP.2 レベルアップしたかどうかで処理を分岐させる

経験値を取得した後、レベルアップした場合としなかった場合で処理を分岐させましょう。if文の作り方を忘れた場合はp.44を見直してください。レベルアップするのに必要な経験値「levelupExp」に現在の勇者の経験値「totalExp」が達しているかどうかで分岐させましょう。

条件に合致していた場合は、レベルアップに必要な経験値「levelupExp」に、次のレベルアップに必要な経験値を加えなければなりません。ここで値を加えなければ、「levelupExp」の値が変わらないので、一度レベルアップすると永遠にレベルアップが続いてしまいます。

JavaScript　chap4/lesson3/sample/sample4_3_1　code.js

```
007 if(levelupExp <= totalExp) {      ● 条件分岐
008   console.log("勇者のレベルが上がりました");
009   levelupExp += 300;      ● 次のレベルアップに必要な経験値を加える
010 }
011 else {
012   console.log("次のレベルまで" + (levelupExp - totalExp) + "の経験値が必要です");
013 }
```

STEP.3 経験値取得～レベルアップまで繰り返し

最後に、このChapterで学んだfor文を使ってこれまでの処理を繰り返しましょう。今回は10回繰り返すことにします。for文の基本の使い方を身に付けておけばすぐにコードが記述できると思います。忘れてしまった場合は、p.66を見直しましょう。

JavaScript　chap4/lesson3/sample/sample4_3_1　code.js

```
001 var totalExp = 0;
002 var levelupExp = 300;
003 for(var i = 0; i < 10; i++) {      ● 10回繰り返し
      ～中略～
014 }
```

作成したコードをコンソールで実行しましょう。ファイルに書いたコードをコンソールにコピーペーストして実行してもいいですが、コンソールの入力欄の「＞」にファイルをドラッグ＆ドロップするとファイルの内容がすべてペーストされるのでその方法で実行するのも便利です。実行した結果は以下のようになります。経験値の値はランダムなので実行する度に数値やレベルアップのタイミングは変わります。何度かコードを実行して結果を見比べてみましょう。

```
勇者は1回目のトレーニングで69の経験値を得た
次のレベルまで231の経験値が必要です
勇者は2回目のトレーニングで37の経験値を得た
次のレベルまで194の経験値が必要です
勇者は3回目のトレーニングで73の経験値を得た
次のレベルまで121の経験値が必要です
勇者は4回目のトレーニングで33の経験値を得た
次のレベルまで88の経験値が必要です
勇者は5回目のトレーニングで65の経験値を得た
次のレベルまで23の経験値が必要です
勇者は6回目のトレーニングで70の経験値を得た
勇者のレベルが上がりました
勇者は7回目のトレーニングで49の経験値を得た
次のレベルまで204の経験値が必要です
勇者は8回目のトレーニングで61の経験値を得た
次のレベルまで143の経験値が必要です
勇者は9回目のトレーニングで39の経験値を得た
次のレベルまで104の経験値が必要です
勇者は10回目のトレーニングで62の経験値を得た
次のレベルまで42の経験値が必要です
```

POINT

文中でも説明しましたが、入力するコード欄に「〜中略〜」という文字や行が空いたりすることがありました。完成形のフォルダ「sample」から引用しているためこのような説明の仕方になっています。他のChapterでも度々目にすると思いますが、気にせず入力していってください。

Lesson 4

while 文

while 文

次にwhile文を学んでいきましょう。

for文は、あらかじめ繰り返し回数を決めてループ処理を実行していました。一方、while文は条件に当てはまる限りループ処理が実行されます。そのため、「貯金が50000円になる**まで**毎日お金を貯める」や、「合計数が100を超える**まで**整数を足し続ける」など、条件を完了させるまでループ処理を実行させたい場合に使いましょう。**「〜の間まで〜をおこなう」**という考え方がわかりやすいです。

構文 while文

```
while (繰り返し条件式) {
  カッコ内の条件に合致するまでおこなう処理
}
```

具体的な例を見て学んでいきましょう。以下のコードでは「合計数が100を超えるまで整数を足し続ける」をwhile文であらわしています。

JavaScript　chap4/lesson4/sample/sample4_4_1　code.js

```
001 // 足していく整数を設定
002 var i = 1;
003 // 足し算をした結果を設定
004 var result = 0;
005 while (result <= 100) {
006   result += i;
007   ++i;
008 }
009 if (result > 100) {
010   console.log("最後に足した整数は" + (i - 1) + "です。");
011 }
```

100を越えるまで繰り返す

前ページのコードをコンソールで実行すると下図のように結果が確認できます。

```
最後に足した整数は14です。
```

while文は、条件式に当てはまる限りループ処理を続けるので、以下のコードのように既に条件を超えてしまっている場合はループ処理がおこなわれません。

JavaScript　chap4/lesson4/sample/sample4_4_2　code.js

```
001 // 足していく整数を設定
002 var i = 1;
003 // 足し算をした結果を設定
004 var result = 101;
005 while (result <= 100) {
006   result += i;
007   ++i;
008 }
009 if ( result > 100 ) {
010   console.log("最後に足した整数は" + (i - 1) + "です。");
011 }
```

100を超えるまで繰り返す
しかし既に値は101なので処理がおこなわれない

ループ処理がおこなわれなかったので、コンソールには以下のように表示されます。

```
最後に足した整数は0です。
```

do ～ while文

while文にはもう一つ、do while文といわれる書き方があります。さきほど学んだwhile文と違い、**必ず一度処理をおこなってから条件式を判断し、条件に合致すれば繰り返し処理をはじめます。** 最初に条件を判断するか、しないかの違いがあるので注意しましょう。

構文 do while文

```
do {
  カッコ内の条件に合致するまでおこなう処理
}while(繰り返し条件式);
```

　これまでと違い、条件式が後ろに移動しているので理解にしくいかもしれません。ですが動きとしてはwhile文とほとんど同じなので、まずは簡単なコードで確認していきましょう。

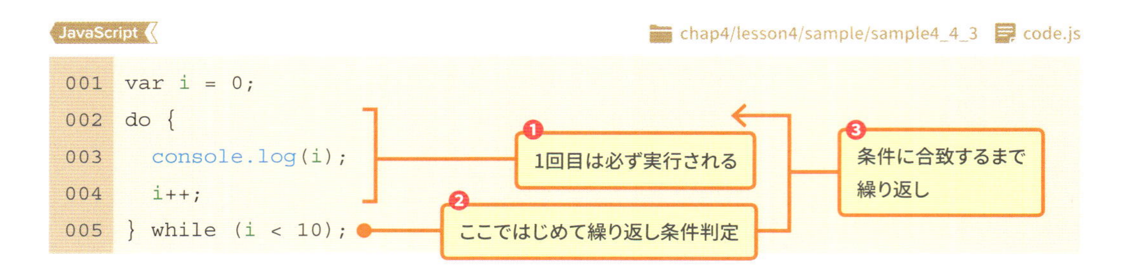


```
001 var i = 0;
002 do {
003   console.log(i);
004   i++;
005 } while (i < 10);
```

　1回目は必ずdo while文の中の処理がおこなわれます。その後、繰り返し条件の「i<10」に合致しているか判定され、条件に合致するまで繰り返し処理がおこなわれます。ブラウザのコンソールでの実行結果は以下の通りです。

```
0
1
2
3
4
5
6
7
8
9
```

　では、do while文の条件に合致しない場合はどのように動作するのか確認してみましょう。

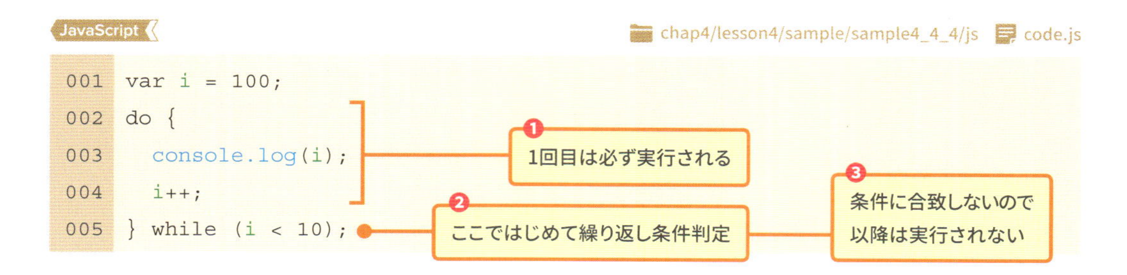


```
001 var i = 100;
002 do {
003   console.log(i);
004   i++;
005 } while (i < 10);
```

　do while文の中の処理は一度おこなわれますが、条件には合致しないので繰り返し処理はおこなわれません。コンソールでの実行結果は以下のようになります。

```
100
```

Lesson 5 while文を使ってプログラムを作ろう

【実習】すごろくを作ろう

繰り返しをおこなうfor文、while文の基本について学んできました。学習のまとめとして、while文を使って簡単なすごろくを作ってみましょう。

ゴールまでのマス目を50とし、サイコロを振る度に出た数字ぶん進みつつ、さらに停まったマス目でランダムに進むというすごろくを作りましょう。

図 作成するすごろくのイメージ

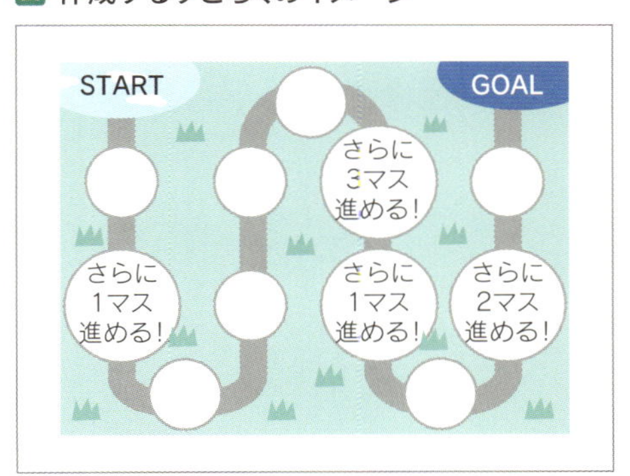

これまでの実習でやってきたように、まずはどのようにプログラムを組み立てていくか整理しましょう。

STEP.1 サイコロを振って出た目数ぶん進む
　→サイコロの目「1～6」をランダムに出す（Math.floor、Math.random()）

STEP.2 さらにランダムに進む
　→ランダムな数字を出す（Math.floor、Math.random()）

STEP.3 STEP1～3を繰り返す
　→ゴールするまで繰り返す（while文）

それでは、実際にコードを作成していきます。フォルダ「practice4_5_1」のcode.jsに書いていきましょう。

STEP.1 サイコロの目「1〜6」をランダムに出す

サイコロを振る前に、まずはゴールまでのマス目数と、現在いる地点を設定しましょう。

JavaScript　chap4/lesson5/sample/sample4_5_1　code.js

```
001 // ゴールまでのマス目数を設定
002 var goal = 50;          ← ゴール設定
003 // 現在進んでいるマス数
004 var progress = 0;       ← 現在地設定
```

それでは、サイコロの目を1〜6の間でランダムに出します。ランダムの数値を出す方法はp.70で学んだので、見返してみましょう。ランダムに出す値の「最大値」「最小値」を決定すれば簡単です。最大値は6、最小値は1と考えましょう。

JavaScript　chap4/lesson5/sample/sample4_5_1　code.js

```
007 // サイコロの目を1〜6の範囲でランダムに決める
008 var result = Math.floor(Math.random() * 6) + 1;   ← サイコロを振って出るランダムな値
009 console.log("サイコロの目は" + result + "です。" + result + "マス進みます");
010 // マスを進める
011 progress += result;     ← マスを進める
```

STEP.2 ランダムな数字を出す

サイコロの数を進めた後に、さらにランダムに進める処理を追加します。まずは進む処理をおこなうかどうかもランダムに決めてしまいましょう。ここでは、0〜3の値をランダムに発生させ、その値が0だった場合に、さらにコマを進ませる処理をおこないます。

その条件に合致した場合は、STEP1と同じように1〜6マスの範囲でコマを進ませましょう。

JavaScript　chap4/lesson5/sample/sample4_5_1　code.js

```
012 // 進むマスに止まるかどうか判定するためのランダムな値を出す
013 var rand = Math.floor(Math.random() * 4);   ← 0〜3の値を出す
014 if(rand === 0) {   ← 0だったら1〜6の間のマス目を進める
015   // 1〜6の間のランダムな数だけ進ませる
016   result = Math.floor(Math.random() * 6) + 1;
017   // マスを進ませる加算処理
018   progress += result;
019   console.log(result + "進むマスに止まった！さらに" + result + "マス進む！");
020 }
```

STEP.3 ゴールするまで繰り返す

それでは最後にこれまでの処理をwhile文に入れましょう。while文を抜け出す条件は、ゴールまで進んでいるかどうかなので、現在進んでいるマス目がゴールまでのマス目以上かどうかという条件にしましょう。

JavaScript　chap4/lesson5/sample/sample4_5_1　code.js

```
001 // ゴールまでのマス数
002 var goal = 50;
003 // 現在進んでいるマス数
004 var progress = 0;
005 // ゴールするまで実行
006 while(goal > progress) {
      ～中略～
021   console.log("現在" + progress + "マスまで進んでいます。あと" + (goal - progress) + "マスでゴールです");
022 }
023 // ゴールマスまで進んだら終了
024 console.log("ゴールしました！");
```

以上のコードをコンソールで実行すると簡単なすごろくが実行されます。コンソールに以下のような画面が表示されることを確認しましょう。

```
現在32マスまで進んでいます。あと18マスでゴールです
サイコロの目は1です。1マス進みます
4進むマスに止まった!さらに4マス進む!
現在37マスまで進んでいます。あと13マスでゴールです
サイコロの目は1です。1マス進みます
現在38マスまで進んでいます。あと12マスでゴールです
サイコロの目は2です。2マス進みます
現在40マスまで進んでいます。あと10マスでゴールです
サイコロの目は6です。6マス進みます
現在46マスまで進んでいます。あと4マスでゴールです
サイコロの目は5です。5マス進みます
現在51マスまで進んでいます。あと-1マスでゴールです
ゴールしました!
```

Chapter 5

関数

同じ処理を複数の箇所で使用したいケースが出てきます。
そんな時、処理を1つの機能としてまとめて呼び出すことができる
関数を使えるようになりましょう。

Lesson 1

関数の概要

関数の書き方

ここまでに条件分岐や繰り返しなどさまざまな命令文を学んできました。できることは増えましたが、その分コードが長くなったり、同じような処理を重ねて書かなければならないケースが生じていないでしょうか？　ここでは、そんな時に使える**「関数」**を学んでいきます。

関数とは、複数の処理をまとめて定義し、いつでも呼び出せるようにする仕組みのことを指します。関数として定義した命令を実行すると、関数内の処理がおこなわれます。

前述しましたが、同じような処理を複数箇所で使用する際、何度も同じコードを書かなければならないので、コードが複雑になってしまいます。そんな時、**関数としてそれらをまとめることによって、わかりやすくきれいなコードにできます。また、コードを修正する際も、1つの関数にまとめていることで、複数箇所を修正する必要がなくミスを減らせることも大きなメリットです。**

それでは、関数の書き方を説明します。

構文　**関数**

```
function 関数名(引数1,引数2...) {
  処理
}
関数名(引数1,引数2...);
```

関数名はなにを処理しているのかわかる名前にしましょう。名前の付け方のルールは変数と同じなのでp.22を参照してください。

それでは上の構文を基に、簡単なコードを記述してみましょう。「引数」は無視してください。

JavaScript　chap5/lesson1/sample/sample5_1_1　code.js

```
001 function hello() {
002   alert("Hello world!");
003 }
004 hello();
```

関数「hello」（001〜003行目）

関数「hello」の実行（004行目）

関数名は「hello」としています。前ページのコードの2行目に処理を記述し、4行目の「hello();」で関数「hello」を呼び出し実行しています。コンソールでの実行結果は下の画像の通りです。

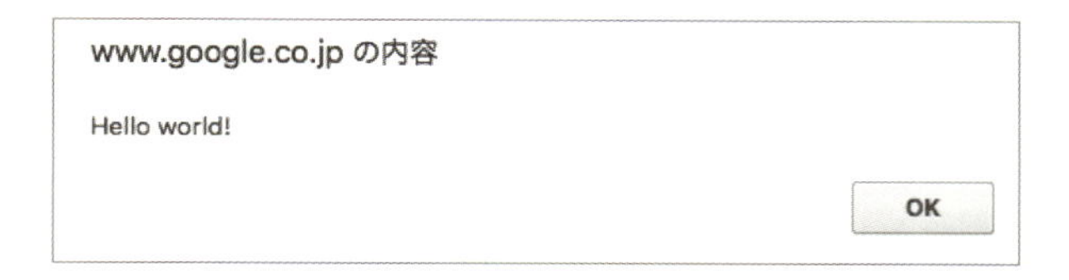

関数の便利さを体感する

さきほど書いた関数ですが、書いてみてどうだったでしょうか？ 「そのまま書いた方がコードが短いし、わざわざ関数にして書くのが面倒」と思われたかもしれません。実はその通りで、はじめの関数は、関数の書き方を学ぶための単純な処理だけ書いているので、非効率なコードです。**ですが、関数には使うべき場面というものがあります。**今から使うべき場面で関数を使い、関数の便利さを体感しましょう。

時間によって「AM（午前中）」「noon（正午）」「PM（午後）」を判定するプログラムを書いてみます。まずは、「11時」「12時」「20時」の時間を判定するプログラムを、関数を使わずに書いてみましょう。

JavaScript　chap5/lesson1/sample/sample5_1_2　code.js

```
001 var currentHour = 11;
002 if (currentHour < 12) {
003   console.log("AM");
004 } else if (currentHour > 12) {
005   console.log("PM");
006 } else {
007   console.log("noon");
008 }
009
010 var currentHour = 12;
011 if (currentHour < 12) {
012   console.log("AM");
013 } else if (currentHour > 12) {
014   console.log("PM");
015 } else {
016   console.log("noon");
017 }
018
```

```
019 var currentHour = 20;
020 if (currentHour < 12) {
021   console.log("AM");
022 } else if (currentHour > 12) {
023   console.log("PM");
024 } else {
025   console.log("noon");
026 }
```

20時

午前、正午、午後の判定

とても長いコードになってしまって読みづらいですね。コードが冗長になると、修正する際に大変です。例えば、結果をコンソール表示ではなく、ダイアログボックスに表示するよう変更しようと思った際には、午前、正午、午後の判定すべてに対して修正しなければなりません。

このように、**同じ処理を複数の箇所で実行させている場合、関数を使って一つにまとめましょう。**関数でまとめると下記のコードになります。

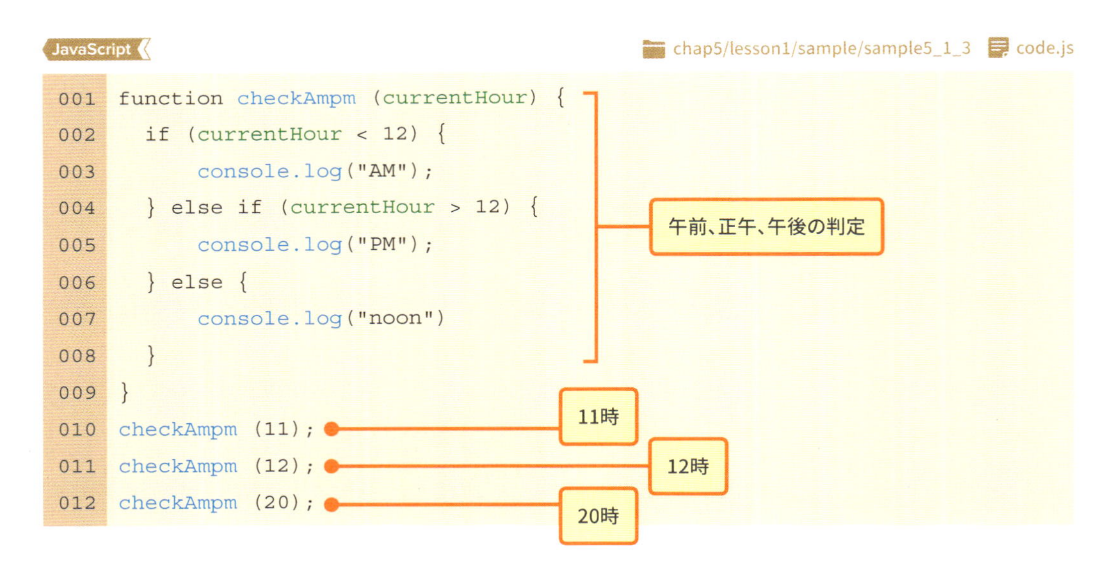
JavaScript　chap5/lesson1/sample/sample5_1_3　code.js

```
001 function checkAmpm (currentHour) {
002   if (currentHour < 12) {
003       console.log("AM");
004   } else if (currentHour > 12) {
005       console.log("PM");
006   } else {
007       console.log("noon")
008   }
009 }
010 checkAmpm (11);
011 checkAmpm (12);
012 checkAmpm (20);
```


関数を使うことでこのように少ないコードでまとめて書くことができます。

POINT

これまで学んできた関数はすべて「ユーザー定義関数」です。一から自分で作成（定義）しているのでそう呼びます。逆に、JavaScriptで既に用意されている関数を「組み込み関数」といいます。組み込み関数には有名なものとして、文字列を整数に変換する「`parseInt()`」などがあります。

Lesson 2

関数に引数、戻り値を設定する

関数に引数を設定する

Lesson1で最後に学んだコードですが、関数名「checkAmpm」の後の（）の中で変数「currentHour」を設定しています。この変数「currentHour」は、はじめに学んだ構文の中の「引数」に当たります。

「引数」は関数を実行させる（呼び出す）時に、呼び出し元から値を取得し、その値を関数の中で使って処理を実行できるという大きな利点があります。コードを一度見返してみましょう。

JavaScript　chap5/lesson2/sample/sample5_2_1　code.js

```
001 function checkAmpm (currentHour) {
002   if (currentHour < 12) {
003     console.log("AM");
004   } else if (currentHour > 12) {
005     console.log("PM");
006   } else {
007     console.log("noon")
008   }
009 }
010 checkAmpm (20);
```

引数「currentHour」を設定し、呼び出し元の値を代入

currentHour=20で関数を呼び出し

上記コードをコンソールで実行すると以下のように表示されます。

```
PM
```

関数に戻り値を設定する

また、関数には「戻り値」というものを設定することもできます。戻り値を設定すると、関数の中で処理を実行するだけでなく、関数の中で取得した値を呼び出し元に戻すことができます。構文を次ページに掲載しているので見てみましょう。

構文

関数(戻り値あり)

```
function 関数名(引数1, 引数2, ...) {
  処理
  return 戻り値;
}
var 戻り値を受ける変数 = 関数名(引数1, 引数2, ...);
```

戻り値は処理をおこなった後に「return」の後ろに記述することで呼び出し元に返せます。

では、さきほど書いたコードに戻り値を設定して、書き方を学びましょう。

JavaScript　chap5/lesson2/sample/sample5_2_2　code.js

```
001 function checkAmpm(currentHour) {
002   var result;
003   if (currentHour < 12) {
004       result = "AM";
005   } else if (currentHour > 12) {
006       result = "PM";
007   } else {
008       result = "noon";
009   }
010   return result;
011 }
012 var result = checkAmpm(20);
013 console.log(result);
```

関数の中で出た値を戻り値にして返す

呼び出し元に戻り値が戻ってくる

関数「checkAmpm」の中で変数「result」を設定して、関数の処理結果をresultに格納し、returnで呼び出し元へ値を戻しています。

コンソールでの実行結果は下の画像のようになります。

```
PM
```

POINT

戻り値を返り値ということもあります。

Lesson 3

変数の有効範囲（ローカル変数とグローバル変数）

ローカル変数とグローバル変数の概要

これまで何度も使用してきた変数には実は2つの種類があります。**ローカル変数**と**グローバル変数**の2つです。**ローカル変数は、関数内で定義する変数のことです。定義された関数の中でのみ使用できます。グローバル変数は、関数の外で定義する変数です。記述しているJavaScript全体で使用できる変数となります。**

JavaScript　chap5/lesson3/sample/sample5_3_1　code.js

```
001 function checkAmpm(currentHour) {
002   var result;
003   if (currentHour < 12) {
004       result = "AM";
005   } else if (currentHour > 12) {
006       result = "PM";
007   } else {
008       result = "noon";
009   }
010   return result;
011 }
012 var currentHour = 11;
013 var result = checkAmpm (currentHour);
014 console.log(result);
```


関数「checkAmpm」の中で定義している変数「result」がローカル変数で、関数の外で定義している変数「currentHour」がグローバル変数です。

上記のような複雑なコードだとわかりづらいかもしれないので、復習もかねてシンプルなコードでローカル変数とグローバル変数の違いを確認しましょう。

次ページのコードと実行結果を見てみましょう。

JavaScript　chap5/lesson3/sample/sample5_3_2　code.js

```
001 var x = "これはグローバル変数です";
002 function isVariable() {
003     var x = "これはローカル変数です";
004     console.log(x);
005 }
006 console.log(x);
007 isVariable();
```

グローバル変数のx

ローカル変数のx

グローバル変数のxを使用

関数を使用しているので、関数内の(ローカル変数の)xを使用

同じ変数名を使用していても、関数の中と外どちらで定義しているかで参照できる範囲が異なります。6行目で使用している変数「x」は1行目で定義されているグローバル変数を参照しています。そして、7行目で実行している関数「isVariable」では、関数の中で定義されているローカル変数「x」を使用しています。

よって、コンソールでの実行結果は以下のようになります。

```
これはグローバル変数です
これはローカル変数です
>
```

ローカル変数とグローバル変数の違いは理解できたでしょうか。

ここでもしかすると「変数は、どこからでも参照できるグローバル変数として定義すれば便利なのでは？」と考えた人もいるかもしれません。ですが、グローバル変数を使用する際には十分検討してからにしましょう。それは以下の理由があるためです。

- **どこからでも参照できるため、名前の重複を避けなければいけない**
- **ローカル変数は関数内での処理に使用されるため一時的なもの**
  一方、グローバル変数は永続的なものなので、同じプログラム内のその他の挙動に影響が出る可能性がある
- **管理の際にわかりづらくなる恐れがある**

変数を宣言する際には、作成する関数やプログラムに応じて適切に設定していきましょう。

POINT

これまでに多くのことを学んできましたが、わからなくなったらいったん立ち止まって、自分の手元で簡単なコードを書いてみるということも大事です。急がず焦らずにしっかりと学んでいきましょう。

まとめ

【実習】既存のプログラムを関数化する

既存のプログラムを関数化して使い回したいというケースは起こりえますし、なにを関数としてあつかうかというコツを学ぶこともできます。ここでは、Chapter3のまとめ（p.59）で作成した電車ナビのプログラムを、関数を使って書き換えてみましょう。

関数化していく上で、わかりやすいコード＝短いコードではないことを頭に置いておいてください。コードを短くするのではなく、あえて長くすることでわかりやすくなることもあります。今回はそれを踏まえて関数を使っていきましょう。

「なにを関数としてあつかうか＝なにを関数化するか」ということに注意して欲しいのですが、これの答えは、「機能を関数化する」です。**「プログラムの中でおこなわれている細かな処理（機能）をそれぞれ関数にまとめる」のが関数化のコツです。**

言葉で理解するのは難しいので、実際に順を追ってコードを編集していきましょう。

Chapter3で作った電車ナビは大きく分けて3つの機能がありました。

- **ユーザーの入力値（駅名）を取得する**
- **各駅に停まる電車の種類を取得する**
- **ユーザーの行き先の駅に停まる電車の種類を表示する**

上記の機能を関数化していきましょう。

STEP.1 ユーザーの入力値（駅名）を取得する

関数化する際には、まず「引数」「戻り値」が必要か考えましょう。

引数は機能を処理するのに必要な値です。それに当たるものは「ユーザーの入力値（駅名）」ですが、ユーザーの入力値は「prompt」関数で取得できます。よって引数は必要ありません。

戻り値は機能を処理した後に返すべき値があった場合に必要です。ユーザーの入力値を取得した後はこの値を使ってどの電車に乗るかを判定していかなければならないので、ユーザーの入力値が戻り値として必要です。

よって、引数はなし、戻り値はユーザーの入力値を設定しましょう。次ページにコードを記載しているのでサンプルファイルのフォルダ「practice5_4_1」の「js」フォルダにある「index.js」に書いていきましょう。完成形は「sample5_4_1」フォルダの中にあるのでそれを見ながら書いていきます。

JavaScript　chap5/lesson4/sample/sample5_4_1/js　index.js

```
015 // 駅名を入力する処理
016 function inputStation() {
017   var station = prompt("1.A駅 2.B駅 3.C駅\n行き先の駅を1, 2, 3から
      選んでください");
018   station = Number(station);
019   return station;   ← 行き先の駅を戻り値に設定
020 }
```

JavaScript　chap5/lesson4/sample/sample5_4_1/js　index.js

```
003 var station = inputStation();   ← 戻り値を変数「station」に格納
```

STEP.2 各駅に停まる電車の種類を取得する

STEP1と同じように、引数と戻り値が必要かどうか考えましょう。

ここではA、B、C駅それぞれに停まる電車の種類を返さなければならないので、戻り値は電車の種類である変数「type」ですね。そして、電車の種類を判定するには、ユーザーが入力した駅の値が必要なので、引数は変数「station」です。

JavaScript　chap5/lesson4/sample/sample5_4_1/js　index.js

```
022 // その駅に停まる電車の種類を取得する処理
023 function getTrainType(station) {   ← ユーザーが入力した駅の値を引数に設定
024   var type;
025   switch(station) {
        ～中略～
038   }
039   return type;   ← 駅の種類を戻り値に設定
040 }
```

JavaScript　chap5/lesson4/sample/sample5_4_1/js　index.js

```
004 var type = getTrainType(station);   ← 戻り値を変数「type」に格納
```

STEP.3 ユーザーの行き先の駅に停まる電車の種類を表示する

ここでは残り1つの機能をまとめると同時に、これまで作った関数をまとめて実行させる関数を作成します。これまでに作成した関数を中に組み込んでしまうので、処理に必要な値はすべてそろっています。なので、引数は必要ありません。また、この関数ですべて処理を実行してしまうので戻り値も必要ありません。

ポイントは、ユーザーの入力値が正しい値でない場合にもう一度全体の処理を実行させる箇所です。現在作っている関数を呼び出すことで、再度実行させられます。

JavaScript　chap5/lesson4/sample/sample5_4_1/js　index.js

```
001 // 行き先の駅に停まる電車の種類を表示する処理
002 function displayTrainType() {
003   var station = inputStation();        ← STEP1で作った関数
004   var type = getTrainType(station);    ← STEP2で作った関数
005   // 入力された値が選択肢の範囲内なら正しいメッセージを出力
006   if(station >= 1 && station <= 3) {
007       alert("その駅には" + type + "の電車が停まります");
008   }
009   else {
010       // 選択肢以外のものを入力した場合は再度入力処理の関数を実行
011       displayTrainType();              ← 再度この関数を実行させる
012   }
013 }
```

JavaScript　chap5/lesson4/sample/sample5_4_1/js　index.js

```
042 // 呼び出し元 処理を実行する
043 displayTrainType();
```

Chapter3（p.59）で作った元のコードと比べると、各機能をそれぞれ関数化することによってコード量は倍以上に増えてしまいました。ですがはじめに述べたように、各機能を関数にしたことでコードはより明確になりわかりやすくなりました。

また、関数化した処理は適宜必要な箇所で簡単に呼び出せるので、最終的にはソースは短くすむメリットがあります。高度な機能を作る際には長いコードのプログラムを書くことになります。その時には、関数化を意識して記述していくようにしましょう。

それではコードがきちんと動くか確認しておきましょう。「practice5_4_1」フォルダにあるindex.htmlをブラウザで表示してください。promptダイアログボックスが表示されるので、「2」を入力欄に入力して実行してみます。下図のような画面が表示されれば正確に動作しています。その他の数値を入力しても正常に動くかどうか確認してみましょう。

Chapter 6

オブジェクト

オブジェクトを使うことで情報をよりわかりやすくまとめたり、
既存の仕組みを使ってさらに便利にプログラムを作れます。
大変有用なのでぜひ身に付けましょう。

Lesson 1

オブジェクトの概要

オブジェクトの使い方

オブジェクトとは、今までに学んできた値や変数、関数をまとめて1つのグループにしたものです。

ここでは例として、「学生」をオブジェクトとした際にどのようにオブジェクトを作成すればいいか考えてみましょう。学生が持つ情報には多くのものがあります。性別や年齢、専攻、サークルといった学生が持つ情報を「学生オブジェクト」としてまとめてみましょう。例えば「学生の性別は女性で、年齢は20、専攻は芸術」という情報をstudentオブジェクトにまとめてみます。

JavaScript　chap6/lesson1/sample/sample6_1_1　code.js

```
001 var student = {
002   gender: "female",
003   age: 20,
004   major: "arts"
005 };
```

「student」オブジェクト
性別
年齢
専攻

構文　オブジェクト

```
var オブジェクト名 = {
  プロパティ1: 値1,
  プロパティ2: 値2,
  .....
};
```

性別（gender）、年齢（age）、専攻（major）といった情報の項目は**「プロパティ名」**といい、その値を「:（コロン）」の後ろに記述します。これらのペアを**「プロパティ」**といいます。プロパティが複数ある場合は「,（カンマ）」で区切りましょう。

こうしてオブジェクトとして情報をまとめるととても見やすいですね。

また、このように文字列や数値だけではなく、関数をオブジェクトの情報として設定することも可能です。次ページのコードを見てください。

JavaScript　chap6/lesson1/sample/sample6_1_2　code.js

```
001 var student = {
002   gender: "female",        ← プロパティ
003   age: 20,
004   major: "arts",
005   lessons: function(theme) {        ← メソッド
006     console.log(this.major + "専攻の" + theme + "の授業");
007   }
008 };
```

「lessons」の値として、関数を設定しています。オブジェクトに関数が設定されている場合は**メソッド**と呼びます。プロパティではないことに注意してください。

では、この学生（student）というオブジェクトの中のプロパティの値を呼び出してみます。プロパティの呼び出し方は2つあるのでどちらも知っておきましょう。

構文　プロパティの呼び出し方

オブジェクト名[プロパティ名]
オブジェクト名.プロパティ名

上記の構文を踏まえてコードに書いてみると以下のようになります。

JavaScript　chap6/lesson1/sample/sample6_1_3　code.js

```
001 var student = {
002   gender: "female",
      ～中略～
008 };
009 console.log(student["gender"]);        ← 呼び出し方1
010 console.log(student.gender);        ← 呼び出し方2
```

コンソールでの実行結果は以下のようになります。

```
female
female
> |
```

「オブジェクト名.プロパティ名」と書いて呼び出す方法がよく使われるので、こちらを覚えておきましょう。また、呼び出した後にプロパティの値を書き換えることもできます。

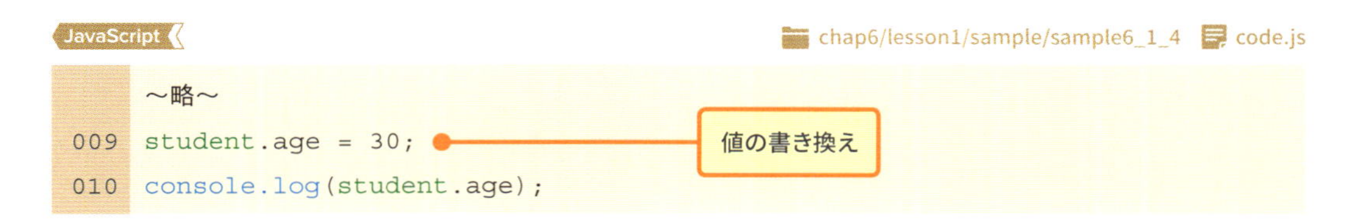

JavaScript　chap6/lesson1/sample/sample6_1_4　code.js

```
    ～略～
009 student.age = 30;
010 console.log(student.age);
```


実行結果は以下のようになり、プロパティ「age」の値が30に置き換わり、コンソールにも「30」と表示されます。

```
30
>
```

最後にメソッドの使い方を説明します。student.lessons()メソッドの引数に「グラフィック」と記述することで、「arts専攻のグラフィックの授業」と表示できます。また、メソッドの中では「this」を使えます。thisとは親のオブジェクトを示します。下記のコード内では、thisはstudentオブジェクトを指すので「this.major」は「student.major」という意味です。

構文　メソッドの呼び出し方

```
オブジェクト名.メソッド名(引数)
```

JavaScript　chap6/lesson1/sample/sample6_1_5　code.js

```
001 var student = {
      ～中略～
005   lessons: function(theme) {
006     console.log(this.major + "専攻の" + theme + "の授業");
007   }
008 };
009 student.lessons("グラフィック");
```

メソッドの呼び出し

上記コードをコンソールで実行すると以下のように表示されます。

```
arts専攻のグラフィックの授業
>
```

Lesson 2 windowオブジェクト

windowオブジェクトの使い方

オブジェクトの中にはJavaScriptがはじめから用意しているものがあります。その中の代表的なものの一つがwindowオブジェクトです。

Lesson1で学んだ自分で一から作成したオブジェクトと同じように、windowオブジェクトにはさまざまなデータが格納されています。**windowオブジェクトはブラウザやWebサイトのデータを利用する際に使われます。**それでは、実際に使ってみましょう。

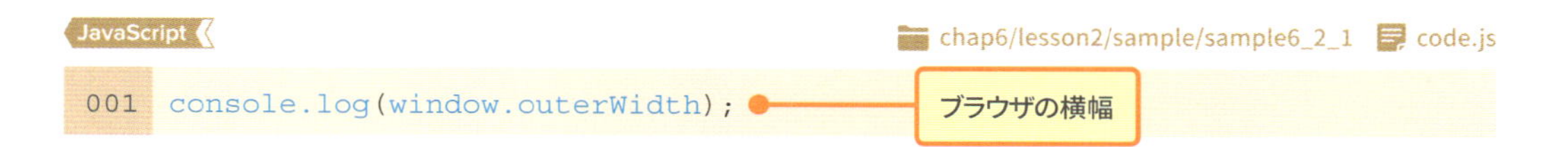

上記コードはwindowオブジェクトのouterWidthプロパティの値をコンソールに表示するよう記述しています。outerWidthプロパティは現在表示しているブラウザの横幅の値を持っています。

コンソールで実行すると、以下のようにコンソールにブラウザの横幅の値が表示されます。

```
1034
> |
```

その他にも、windowオブジェクトはさまざまなプロパティを持っています。その中の一つに「documentプロパティ」がありますが「documentプロパティ」には閲覧しているWebサイトの情報が格納されています。その使用方法はオブジェクトに非常に似ているので「documentオブジェクト」ともいいます。documentオブジェクトなど、windowオブジェクトの下層のオブジェクトを使用する際には下記コードの2行目のようにwindowを省略する書き方が一般的です。

JavaScript

```
001 window.document.write("テキストテスト")
002 document.write("テキストテスト")
```

windowは省略して書く

Lesson 3

Mathオブジェクト

Mathオブジェクトの使い方

Mathオブジェクトはwindowオブジェクトと同じように、JavaScript側であらかじめ準備されているオブジェクトです。Mathという名前の通り、さまざまな計算をおこないます。

ここまで本書を読んでいるみなさんは実はすでに使っており、Math.random()やMath.floor()はMathオブジェクトのメソッドです。

ここでは、いくつかのMathオブジェクトのプロパティやメソッドを紹介します。他にも便利なプロパティやメソッドがあるので、こういった計算はできないかな、と思った時はWeb検索で調べてみましょう。

JavaScript　chap6/lesson3/sample/sample6_3_1　code.js

```
001 console.log(Math.PI);
```

「Math.PI」はプロパティです。コンソールで実行すると、下の画像のように円周率の値を返します。

```
3.141592653589793
>
```

JavaScript　chap6/lesson3/sample/sample6_3_2　code.js

```
001 console.log(Math.round(3.6));
```

「Math.round」はメソッドです。コンソールで実行すると、下の画像のように、対象の値を四捨五入した、整数の値を返します。

```
4
>
```

Lesson 4

Dateオブジェクト

Dateオブジェクトの使い方

JavaScript側であらかじめ準備されているオブジェクトの中で、特に頻繁に使うものがDateオブジェクトです。Dateは日時に関する情報を持っているので、プログラムを作る際には頻繁に使用します。

使い方ですが、さきほどのMathオブジェクトとは異なるので気を付けましょう。Dateオブジェクトをあつかう際にはnewを使用します。

JavaScript　chap6/lesson4/sample/sample6_4_1　code.js

```
001 var today = new Date();
002 console.log(today);
```

まずは上記のコードをコンソールで実行してみましょう。現在の年月、日にち、時間、曜日が表示されます。

```
Wed Mar 07 2018 18:32:14 GMT+0900 (JST)
>
```

上記のようにそのままDateオブジェクトの値を使うと、日時に関するすべての情報が表示されます。ですが、現在の年だけを取得したい場合や、年月日だけを取得したい場合などがあるかと思います。そんな時は、Dateオブジェクトが持つメソッドを使用しましょう。下記のコードでは年、日にち、月をメソッドで取得して表示させています。

JavaScript　chap6/lesson4/sample/sample6_4_2　code.js

```
001 var today = new Date();
002 console.log(today.getFullYear());   ← 現在の年
003 console.log(today.getDate());       ← 現在の日にち
004 var mm = today.getMonth() + 1;      ← 現在の月
005 console.log(mm);
```

前ページの現在の月の値を取得しているメソッド「today.getMonth();」の使い方の注意点ですが、取得した値に1を加算してください。Dateオブジェクトのget Month()メソッドは、値を0からカウントしています。そのため1を加算することを忘れないようにしましょう。

コンソールで実行すると以下のように表示されます。

```
  2018
  6
  4
<· undefined
> |
```

上記のコードでは、単純に年月日を取得しているだけですが、これらを以下のコードのように組み合わせることで、わかりやすい書式の日付で表示できます。

JavaScript　chap6/lesson4/sample/sample6_4_3　code.js

```
001 var today = new Date();
002 var yy = today.getFullYear();
003 var mm = today.getMonth() + 1;
004 var dd = today.getDate();
005 console.log(yy + "年" + mm + "月" + dd + "日");
```

書式を整える

コンソールで実行すると、以下のようにWebサイトで実際に使われているような書式の年月日が表示されることが確認できたでしょうか。

```
  2018年3月7日
> |
```

Dateオブジェクトには他にも多くのメソッドがあります。さらに詳しく知りたい人は、Web検索でキーワード「Dateオブジェクト　メソッド」を入力して検索して、それぞれのプログラムに必要な値を利用しましょう。

POINT

Dateオブジェクトをあつかう際にnewを使用して「new Date();」と記述する、と説明しましたが、これをインスタンス化といいます。Dateオブジェクト以外にも使用されることがあります。ここではDateオブジェクトをあつかう際にはnewを使用するのだと覚えてしまいましょう。

Lesson 5

DOM操作でHTML要素を書き換える

DOMとは

documentオブジェクト、すなわちHTMLやXMLにアクセスするための仕組みを「DOM」と呼びます。DOMは「Document Object Model」の略称です。**このDOMを操作することで、HTML要素の変更や追加などをおこなえます。** DOMを操作する際、HTMLがツリー構造で構成されていることは必須の知識になるので頭に入れておきましょう。

図 DOMのツリー構造(例)

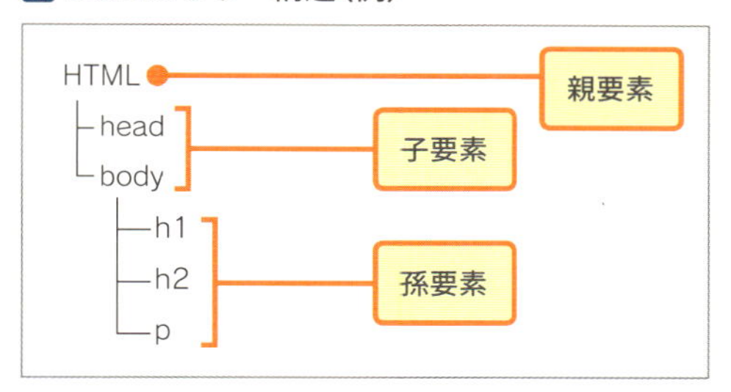

DOM操作でHTML要素を書き換える

まずはDOM操作でHTML要素を書き換える方法を学びましょう。サンプルフォルダ「practice6_5_1」の「index.html」をテキストエディタとブラウザで開いてください。

HTML　chap6/lesson5/practice/practice6_5_1　index.html

```
008 <h1>JavaScript Practice</h1>
009 <dl>
010   <dt>今日の天気</dt>
011   <dd id="weather">晴れ</dd>
012 </dl>
```

JavaScript Practice

今日の天気
　　晴れ

<dd>タグで囲まれている内容は「晴れ」ですね。これを「曇り」に書き換えてみましょう。

早速JavaScriptファイルを編集していきます。まずは書き換える対象のHTML要素がなにかを指定する必要があります。要素を取得する方法はいくつかありますが、今回は<dd>タグにidが設定されているのでid名を指定して対象のHTML要素を書き換えましょう。id名で指定された特定の要素を取得するには**getElementById()メソッド**を使いましょう。

要素を取得した後に書き換えをおこないます。書き換えにはいくつかの方法がありますが、ここでは2つのプロパティ「innerHTML」と「textContent」を使ってみます。

フォルダ「practice6_5_1」と「practice6_5_2」のフォルダ「js」の「index.js」にそれぞれ以下のコードを参考に記述しましょう。書き終えたらそれぞれ対応する「index.html」をブラウザで表示して結果を確認します。

出力された結果を見ると、innerHTMLとtextContentでの違いが出ました。

innerHTMLはJavaScriptで記述したテキストもHTMLとして認識してくれるのに対し、textContentでは単純な文字列として認識されてしまっています。そのため、今回のようにWebページの内容を書き換えたい時には**innerHTMLプロパティを使用して要素の置き換えをおこないましょう。**

DOM操作による要素へのアクセス

class属性、セレクタで要素にアクセスする

Lesson5ではHTMLのid属性を利用して要素を取得する方法を学びましたが、本Lessonではclass属性やセレクタで要素を取得する方法を学びましょう。

サンプルフォルダ「practice6_6_1」の「index.html」をテキストエディタとブラウザで開いてください。

HTML　chap6/lesson6/practice/practice6_6_1　index.html

```
008 <h1>JavaScript Practice</h1>
009 <dl>
010   <dt>今日の天気</dt>
011   <dd class="weather">晴れ</dd>
012 </dl>
```

class属性やセレクタで要素を取得するには、**querySelector()メソッド**を使用します。使い方は下記コードの通りです。**class属性の場合はclass名の前に「.」（ドット）を付けましょう。**

JavaScript　chap6/lesson6/sample/sample6_6_1/js　index.js

```
001 // querySelectorでweatherのクラスがついている要素をelementに代入
002 var element = document.querySelector(".weather");   ← クラス名で取得
003 console.log(element);
004 // querySelectorでdlセレクタ要素をelementに代入
005 var element = document.querySelector("dl");   ← セレクタで取得
006 console.log(element);
```

さきほどの「index.html」を開いた状態で、上記をコンソールで実行した結果は以下の通りです。

```
  <dd class="weather">晴れ</dd>                index.js:2
▼<dl>                                          index.js:5
    <dt>今日の天気</dt>
    <dd class="weather">晴れ</dd>
  </dl>
>
```

前ページの実行結果を見ると、querySelector()メソッドを使用し取得したHTML要素の内容は、指定の仕方によって異なることがわかるでしょうか。

セレクタを指定する場合、DOMのツリー構造を踏まえて指定が可能です。具体例として「dlセレクタで囲まれた要素すべてではなく、dlセレクタの子要素以下のdtセレクタを指定したい」という場合は以下のように書きましょう。

JavaScript　chap6/lesson6/sample/sample6_6_2/js　index.js

```
001 var element = document.querySelector("dl dt");
002 console.log(element);
```

ツリー構造を踏まえてセレクタで取得

「index.html」を開いた状態で上記コードを実行すると、以下の結果が表示されます。

```
<dt>今日の天気</dt>
> |
```

取得したい要素によってなにを記述すればいいのかを検討し使用していきましょう。ここで紹介したメソッド以外にも要素を取得するメソッドがあります。使い方は今後学んでいきましょう。なお、本書で説明しきれなかったものはWeb検索などをして使い方を調べてみましょう。

表 主な要素取得メソッド

メソッド	引数
getElementById("引数")	id
getElementsByClassName("引数")	class
getElementsByTagName("引数")	要素名
getElementsByName("引数")	name属性
querySelector("引数")	セレクタ
querySelectorAll("引数")	セレクタ

Lesson 7 DOM操作でCSS（スタイル）の変更をおこなう

CSS（スタイル）を変更する

これまでに、要素の書き換えや取得方法を学びました。ここでは要素のCSS（スタイル）を変更する方法を学びましょう。

サンプルファイルのフォルダ「practice6_7_1」の「index.html」をテキストエディタとブラウザで開いてください。

HTML　chap6/lesson7/practice/practice6_7_1　index.html

```
008 <h1>JavaScript Practice</h1>
009 <dl>
010   <dt>今日の天気</dt>
011   <dd class="weather">晴れ</dd>
012 </dl>
```

文字色を変える

Lesson6で学んだ「querySelector() メソッド」を使用して、取得した要素の文字色をピンク色に変えましょう。CSSの変更方法は、HTML上でCSSを指定する時の書き方を踏まえて考えるととても簡単です。HTML上で文字色をピンク色にする場合のCSSの指定方法は以下の通りです。

HTML

```
011 <dd class="weather" style="color: #ff7c89;">晴れ</dd>
```

これをJavaScriptで変更するには、要素、要素のプロパティである「style」、スタイルのプロパティを「.（ドット）」でつなげたものに、スタイルの値を代入してください。下記がその内容になります。

JavaScript　chap6/lesson7/sample/sample6_7_1/js　index.js

```
001 var element = document.querySelector(".weather");
002 element.style.color = "#ff7c89";
```

文字色のスタイル変更

前ページのコードを書き終えたら「index.html」を開いたまま、コンソールで実行してください。下の画面のように文字色が変更されたでしょうか。

JavaScript Practice

今日の天気
晴れ

CSSのプロパティに「-（ハイフン）」を含む場合の指定方法

JavaScriptではプロパティ名に「-（ハイフン）」を使用することができません。ですが、以下のように**「-（ハイフン）」を使わずに直後のアルファベットを大文字にすることで使用できます。**

CSS

```
001 text-decoration: underline;
```

JavaScript　chap6/lesson7/sample/sample6_7_2/js　index.js

```
001 var element = document.querySelector(".weather");
002 element.style.textDecoration = "underline";
```

上記のコードをフォルダ「practice6_7_2」の「index.html」を開いた状態でコンソールで実行すると以下のようにスタイルが変更されます。

JavaScript Practice

今日の天気
晴れ

複数のスタイルを指定する

1つの要素に対して指定したいスタイルが複数ある時、以下のコードのようにスタイルの数だけ指定することもできますが、一つにまとめる方法があります。

JavaScript

```
001 element.style.color = "#ff7c89";
002 element.style.textDecoration = "underline";
```

一括してスタイルを指定するには、**「cssText」プロパティ**を使用して、設定したいスタイルを値に記述しましょう。スタイルの書き方はHTMLにCSSスタイルを記述する時と同じです。

JavaScript　chap6/lesson7/sample/sample6_7_3/js　index.js

```
001 var element = document.querySelector(".weather");
002 element.style.cssText = "color:#ff7c89; text-decoration:underline;";
```

上記のコードをフォルダ「practice6_7_3」の「index.html」を開いた状態でコンソールで実行すると以下のようになります。

JavaScript Practice

今日の天気
晴れ

既存のCSSのclassのスタイルを指定する

これまでは要素に対して新規のスタイルを指定する方法について学んできましたが、あらかじめ自分が準備したCSSのclassで設定しているスタイルを適用させたいこともあるかと思います。

例えばsampleというCSSのclassが既にある時は、指定したい要素に対して**「className」プロパティ**を使用することで同様のスタイルを適用できます。

CSS　chap6/lesson7/sample/sample6_7_4/css　layout.css

```
001 .sample {
002   font-size: 30px;
003 }
```

JavaScript　chap6/lesson7/sample/sample6_7_4/js　index.js

```
001 var element = querySelector(".weather");
002 element.className = "sample";
```

CSSのclassのスタイルを指定

上記のコードをフォルダ「practice6_7_4」の「index.html」を開いた状態でコンソールで実行すると以下のように表示されます。

JavaScript Practice

今日の天気
晴れ

Lesson 8

DOM操作で要素の追加をおこなう

要素を追加する

次に、新しくHTML要素を追加する方法を学びましょう。サンプルファイルのフォルダ「practice6_8_1」の「index.html」をテキストエディタとブラウザで開いてください。

HTML　chap6/lesson8/practice/practice6_8_1　index.html

```
013 <h1>JavaScript Practice</h1>
014 <dl>
015   <dt>今日の天気</dt>
016   <dd class="weather">晴れ</dd>
017 </dl>
```

上記のHTMLにJavaScriptでタグを1行追加してみましょう。**appendChild() メソッド**を使うことで要素を追加できますが、このメソッドを使う際にはHTMLのツリー構造を理解しておかなければなりません。appendChild() メソッドを実行する前に、どの位置に要素を追加するか決めます。

図 どこに要素を追加するのかツリー構造を理解する

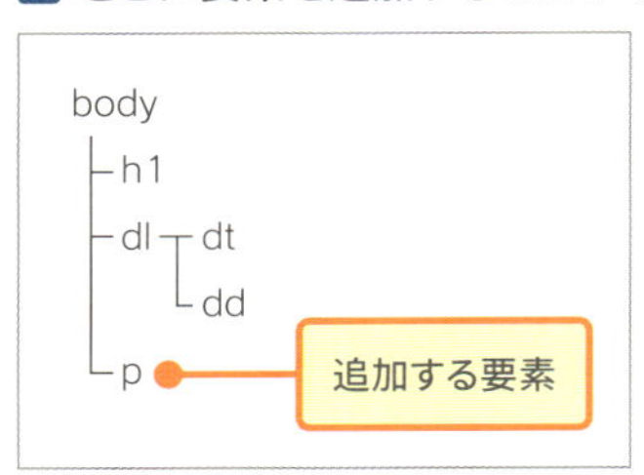

JavaScript　chap6/lesson8/sample/sample6_8_1/js　index.js

```
001 var element = document.createElement("p");              // タグを生成する
002 var text = document.createTextNode("いいお天気ですね");  // テキストを生成する
003 document.body.appendChild(element).appendChild(text);  // 要素を追加
```

前ページのコードを「index.html」を開いたままコンソールで実行すると、「いいお天気ですね」という文字が追加されます。見た目だけではなく、HTML上でも追加されていることをデベロッパーツールで「Elements」タグをクリックして、確認してみましょう。

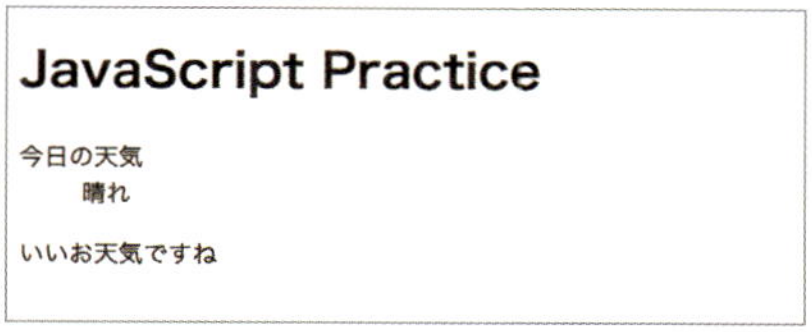

JavaScript Practice

今日の天気

晴れ

いいお天気ですね

図 デベロッパーツールでHTMLを確認

```
Elements  Console  Sources  Network  Performance  Mem
<!DOCTYPE html>
<html lang="ja">
▶<head>…</head>
▼<body> == $0
    <h1>JavaScript Practice</h1>
  ▼<dl>
      <dt>今日の天気</dt>
      <dd id="weather">晴れ</dd>
    </dl>
    <script src="js/index.js"></script>
    <p>いいお天気ですね</p>
  </body>
</html>
```

Lesson 9

DOM操作で要素の削除をおこなう

要素を削除する

要素の追加を学んだので、最後に削除を学びましょう。サンプルファイルのフォルダ「practice6_9_1」の「index.html」を開いてください。

HTML　chap6/lesson9/practice/practice6_9_1　index.html

```
008 <h1>JavaScript Practice</h1>
009 <dl id="credit">
010   <dt>今日の天気</dt>
011   <dd>晴れ</dd>
012 </dl>
```

要素を削除するには**removeChild()**メソッドを使用します。removeChild()メソッドは指定した要素を含む子要素以下をすべて削除します。

JavaScript　chap6/lesson9/sample/sample6_9_1/js　index.js

```
001 var element = document.getElementById("credit");
002 var parent = element.parentElement;
003 parent.removeChild(element); ● 要素を削除
```

上記のコードを「index.html」を開いたままコンソールで実行すると、左下の画面の状態から右下の画面の状態に変わります。今回はid名がcreditであるdlタグ以下の要素を削除しているので、「今日の天気」と「晴れ」という文字列が消えていますね。

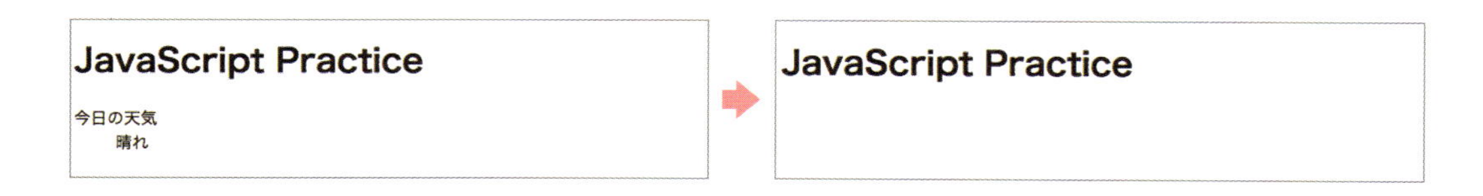

Chapter 7

イベント

JavaScriptではブラウザ上でクリックするなど、
アクションを起こした際に実行する処理を登録できます。
このアクションのことをイベントと呼びます。

Lesson 1

イベントの概要

イベントとは

今までに学んできたものは、JavaScriptのコードをブラウザで読み込んだらすぐに実行されるものでした。ですが、JavaScriptのプログラムはそれだけではなく、**ユーザーがなにかしらの「イベント」をおこなった時に実行させられる処理があります。**イベントというのは「マウスをのせる（マウスオン）」「クリックする」「ページをスクロールする」などです。

例えば皆さんも一度は目にしたことがあると思いますが、Webページをスクロールすると背景画像が変わっていく、という処理もJavaScriptで作成できます。このChapterではイベントに応じて処理が実行できるように学んでいきましょう。

イベント処理

さきほど説明した**「あるイベントが発生した時に実行する処理」のことを「イベント処理」**といいます。このイベント処理をおこなう際に使用する関数を「イベントリスナー」といいます。

イベントリスナーをあつかうために、まずは構文を見てみましょう。

構文 **イベントリスナー**

```
イベントターゲット要素.addEventListener("イベントタイプ", function() {
    指定したイベントタイプが発生した際におこなわれる処理
});
```

上の構文のままだとわかりづらいので具体的に説明します。たとえば「OKボタンをクリックした時にインストールを実行する」という場合には、「イベントターゲット要素」＝「OKボタン」、「イベントタイプ」＝「クリック」、「指定したイベントタイプが発生した際におこなわれる処理」＝「インストール」といえます。以上を踏まえると、以下のコードのように指定できます。

JavaScript

```
001 document.getElementById("OKボタンのid名"). addEventListener("click", function() {
002     インストール処理
003 });
```

「イベントターゲット要素」にはChapter6（p.102）で学んだ要素へのアクセス方法を参考に設定しましょう。「イベントタイプ」は以下を参考に設定していきましょう。頻繁に利用されるものを挙げているのでさらに詳しく知りたい場合はWeb検索で調べてみましょう。

表 マウスアクション

イベントタイプ	発生時
click	要素やリンクをクリックする時
mouseover	マウスカーソルが要素上にのった時
mousedown	要素がクリックされている時
mouseup	要素がクリックされている状態から離された
mouseout	マウスカーソルが要素上から離れた時

表 キーボードアクション

イベントタイプ	発生時
keydown	キーが押された時
keypress	キーが押された時（押し続けている間）
keyup	キーを離した時

表 INPUTアクション

イベントタイプ	発生時
select	文字が選択された時
focus	フォーカスされた時
blur	フォーカスが外れた時

表 その他

イベントタイプ	発生時
load	ページや画像などの読み込みが完了した時
scroll	スクロールされた時
resize	ブラウザウィンドウがリサイズされた時

Lesson 2

clickイベント

いつも私たちが見ているWebサイトにはさまざまな「イベント」があり、それらをJavaScriptから利用できるということを学びました。ここではWebページのボタンなどをクリックするというイベントをイベントリスナーであつかうための記述の仕方を学んでいきましょう。

イベントリスナーの使い方

Chapter6で学んだHTMLを使用します。サンプルファイルのフォルダ「practice7_2_1」の「index.html」をテキストエディタで開いてください。

HTML　chap7/lesson2/practice/practice7_2_1　index.html

```
008 <h1>JavaScript Practice</h1>
009 <dl>
010   <dt>今日の天気</dt>
011   <dd>晴れ</dd>
012 </dl>
013 <button id="nice">いいね！</button>
```

上のHTMLを見ると新しく「いいね！」ボタンが設置されていますね。JavaScriptで、この「いいね！」ボタンをクリックするたびに文字が追加されるようにしたいと思います。「practice7_2_1」フォルダの「js」フォルダにある「index.js」に以下のようにコードを書いていきましょう。

JavaScript　chap7/lesson2/sample/sample7_2_1/js　index.js

```
001 //「nice」というidがついた要素をクリックした時のアクションを設定
002 document.getElementById("nice").addEventListener("click", function() {
003   // pタグを準備
004   var element = document.createElement("p");
005   //「いいね！」というテキストを準備
006   var text = document.createTextNode("いいね！");
007   // pタグの中に「いいね！」を格納して要素を追加
008   document.body.appendChild(element).appendChild(text);
009 })
```

イベントを指定

処理を記述

3行目～8行目はChapter6の要素の追加（p.108）で学んだ処理を6行目のテキストの内容だけ変えて使っています。

「practice7_2_1」フォルダの「index.html」をブラウザで開いてみましょう。HTMLに表示されている内容が表示されているだけですね。ここでイベントリスナーに登録した処理を実行してみましょう。「いいね」ボタンをクリックしてください。すると、以下の画像のように「いいね！」という文字が追加されたでしょうか。

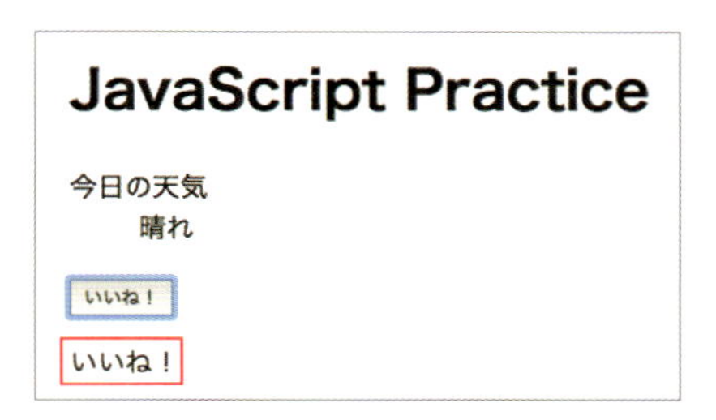

前ページのコードの2行目は下記のコードのように記述することもできます。変数「button」にあらかじめ要素を取得させ、2行目でイベントとひもづける書き方です。今回のような短いコードではなく長いコードを記述する際に使うと、要素を格納した変数「button」を使い回せるので便利です。

JavaScript　chap7/lesson2/sample/sample7_2_2/js　index.js

```
001 var button = document.getElementById("nice");   ← 要素を変数に格納
002 button.addEventListener("click", function() {
      ～中略～
006 })
```

また、イベントの指定には上記コードのような無名関数ではなく自分で作成した関数を呼ぶこともできます。無名関数とはfunctionのあとに直接処理を記述していく方法です。自分で作成した関数は、他の関数と同じように一度作成しておけば複数の箇所で呼び出せます。また、修正も一ヶ所で終わるので間違いも少なくすみますね。

JavaScript　chap7/lesson2/sample/sample7_2_3/js　index.js

```
001 var button = document.getElementById("nice");
002 button.addEventListener("click", niceAction);
003 function niceAction () {   ← 関数に名前を付けると使い回せる
004   var element = document.createElement("p");
005   var text = document.createTextNode("いいね！");
006   document.body.appendChild(element).appendChild(text);
007 }
```

Lesson 3

タイマー処理

setInterval() メソッドと setTimeout() メソッド

イベントではないのですが「あるタイミングで指定した処理を実行してくれる」という点で、イベントリスナーと非常に似た処理をおこなうメソッドがあります。ここでは、設定した時間によって処理を繰り返しおこなえる「タイマー処理」について学んでいきましょう。

例えば、昔の多くの家庭にあった「鳩時計」の「一時間毎に時計から鳩が音を鳴らして時間を知らせる」というのもタイマー処理の一例です。JavaScriptにおけるタイマー処理はwindowオブジェクトの**setInterval() メソッド**、**setTimeout() メソッド**を使用することで実行できます。

setInterval() メソッドは**設定した時間毎に処理を繰り返します**。setTimeout() メソッドは**設定した時間が経過した直後に処理をおこないます。**

図 setIntervalとsetTimeoutの違いのイメージ

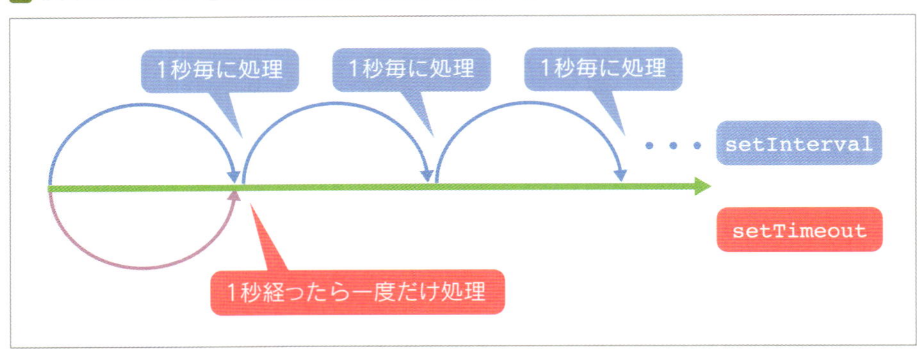

書き方ですが、構文の作りは同じですが処理の仕方は別物です。

setInterval() メソッド

```
setInterval(処理,時間);
```

setTimeout() メソッド

```
setTimeout(処理,時間);
```

具体的に違いを学んでいきましょう。下記コードの通りコンソールに記述してください。

JavaScript　chap7/lesson3/sample/sample7_3_1　code.js

```
001 var i = 0;
002 setInterval(function(){
003   console.log(i++);
004 }, 1000);
```

setInterval
処理
1秒ごとに処理を繰り返す

繰り返しを実行する時間の設定はミリ秒で記述します。1000ミリ秒 = 1秒です。上記のコードをコンソールで実行すると少し面白い動きをします。

```
0
1
2
3
4
5
>
```

1秒経過すると表示
1秒経過すると表示

上の画像は実行結果に図示を加えたものですが、これはコンソール上で1秒毎に数字が加算しながら追記されているのです。放っておくとコンソールに加算された数値が追記され続けるので、止めたい場合はブラウザのタブを消してしまいましょう。

続いて、さきほどのコードの「setInterval」を「setTimeout」に変えたコードをコンソールで実行してみましょう。

JavaScript　chap7/lesson3/sample/sample7_3_2　code.js

```
001 var i = 0;
002 setTimeout(function(){
003   console.log(i++);
004 }, 1000);
```

setTimeout
処理
1秒経ったら処理をおこなう

```
0
> |
```

結果は確認できたでしょうか。実行後、1秒経った後に0が表示されて以降なにも起こりませんね。これは、setTimeout()メソッドを指定することで「**1000ミリ秒（1秒）後に一度だけ**処理を実行する」動作になったからです。

clearInterval()メソッド

setInterval()メソッドを使うと繰り返し処理がずっと続いてしまっていましたね。実際にプログラムを作る際に、繰り返しを止めたい場合があると思います。そのような時にコード上で繰り返しを止める方法があります。**clearInterval()メソッド**を使います。

下記コードでclearInterval()の使い方を見てみましょう。

setInterval()メソッドは戻り値としてタイマーIDを返します。そのタイマーIDをclearInterval()メソッドの引数に設定すれば、指定されたsetInterval()メソッドは終了します。

JavaScript　chap7/lesson3/sample/sample7_3_3　code.js

```
001 var i = 0;
002 var countup = function(){
003   console.log(i++);
004 }
005 var timer = setInterval(function(){
006   countup();
007   if (i > 5) {
008     clearInterval(timer);
009 }}, 1000);
```

タイマーIDをtimerに格納

5秒経ったらcleartInterval()でとめる

コンソールで実行すると以下のように5秒後にタイマー処理が終了します。

```
0
1
2
3
4
5
```

タイマー処理はさまざまなプログラムで活用できるのでぜひ覚えておきましょう。

COLUMN

setTimeout を setInterval のように使う方法

setTimeoutの別の使い方として、setTimeoutをsetIntervalのように使うことも可能です。setTimeoutを含めた一連の処理をcountという自作関数に格納し、count()関数を実行するとsetIntervalのように1秒毎に繰り返し実行されます。

JavaScript　chap7/lesson3/sample/sample7_3_4　code.js

```
001 var i = 0;
002 function count() {
003   console.log(i++);
004   setTimeout(function(){
005     count();
006   }, 1000);
007 }
008 count();
```

ループ処理になる

```
0
1
2
3
4
5
6
```

また、setIntervalと同じく繰り返し処理を止める方法もあります。clearTimeout()メソッドといい、clearInterval()メソッドと全く同じ使い方です。

Lesson 4

まとめ

【実習】タイマー処理

タイマー処理を学んだところで、clickイベントとタイマー処理を使用した擬似的なチャットを作ってみましょう。ここで作る擬似的なチャットというのは、はじめに挨拶してくれたり、何秒か時間が経つと、何種類かの言葉をランダムで返信してくれるプログラムです。

サンプルファイルのフォルダ「practice7_4_1」を開いてhtmlファイルとcssファイルを確認しておきましょう。

HTML　chap7/lesson4/practice/practice7_4_1　index.html

```
010 <div class="chat-window">
011   <div class="chat-window-inner">
012     <ul id="chat-list">
013     </ul>
014   </div>
015   <div class="chat-input-area">
016     <input type="text" id="chat-input">
017     <input type="button" value="送信" id="chat-send">
018   </div>
019 </div>
```

CSSは特に挙動には影響しない部分ですがプログラムが返信してくれる部分を色分けして、デモを実行した時にわかりやすくしています。

CSS　chap7/lesson4/practice/practice7_4_1/css　layout.css

```
001 ul {
002   list-style: none;
003   padding: 0;
004 }
005 li.message-other {
006   color: #EE6557;
007 }
```

完成イメージとしてはこのような簡単な疑似チャットを作ります。

JavaScript Practice

こんにちは！
こんにちは
うーん
ありがとう
うーん
なるほど！

送信

詳しい仕組みは以下のように決めました。

- はじめに「こんにちは！」とメッセージが表示される
- 入力欄に文字を入力し送信ボタンをクリックすると、入力した文字が黒文字で表示される
- 8秒経つと相手（JavaScript）のメッセージがランダムに表示される
- 相手（JavaScript）のメッセージは赤文字で表示される

それでは、どう作成していけばいいか考えてみましょう。

STEP.1 はじめにHTML上にメッセージ「こんにちは！」を表示
STEP.2 送信ボタンクリックで入力文字を黒文字で表示
STEP.3 8秒経つとランダムメッセージを表示

上記を踏まえると、これまでに学んできた以下のような処理が必要だとわかります。

STEP.1 はじめにHTML上にメッセージ「こんにちは！」を表示
→ページを表示して1秒後に赤文字でテキストを追加（setTimeout、innerHTML）
STEP.2 送信ボタンクリックで入力文字を黒文字で表示
→ボタンクリック時に入力テキストを黒文字で追加（addEventListener、innerHTML）
STEP.3 8秒経つとランダムメッセージを表示
→8秒経つとランダムメッセージを赤文字で追加（setInterval、innerHTML）

この考えを基に疑似チャットを作成していきましょう。

STEP.1 ページを表示して1秒後に赤文字でテキストを追加

このコードを作成する前に、これから作成するコード全体について考えてみましょう。STEP1～3までを見ると、「innerHTML」を必ず使うことがわかりますね。完成イメージの画像を見てみると、表示するメッセージはいずれも同じタグを使えばいい規則的な作りになっているようです。となると、「関数化」することでコーディングがぐっと楽になるはずです。メッセージを表示する箇所は関数化するということを念頭に置いてコードを作成していきましょう。

関数化する前に、引数としてなにが必要かを考えましょう。「index.html」を見ると、メッセージを追加する場所は共通してid名「chat-list」の「ul」タグの下でよさそうです。「li」タグをメッセージが追加される毎に同じ方法で追加します。STEP1～3で違う部分は、「メッセージ内容」と「赤文字か黒文字か」です。では、それを判定するためにこれらを引数にしましょう。

「practice7_4_1」フォルダの「js」フォルダにある「index.js」に以下を記述します。

JavaScript　chap7/lesson4/sample/sample7_4_1/js　index.js

```
004 function addChatText(val,type) {        ← メッセージ内容と文字色を引数に
      ～中略～
007   // チャットに追加するHTMLのタグを生成
008   var text = document.createElement('li');
009   // テキストを設定
010   text.innerHTML = val;                  ← メッセージを設定
011   // 赤文字のスタイルを設定（CSSのclass「message-other」を設定）
012   if(type === "other"){                  ┐
013     text.classList.add("message-other"); ├ 文字色を設定
014   }                                      ┘
015   // 追加対象となる要素を取得
016   var chatWindow = document.getElementById("chat-list");
017   // appendChild()メソッドで要素とテキストをHTMLに追加
018   chatWindow.appendChild(text);          ← HTMLにメッセージ追加
019 }
```

上記コードの関数を使用して、ページ表示の1秒後に赤文字でテキストを表示させましょう。記述するコードは次ページを参照してください。

JavaScript　chap7/lesson4/sample/sample7_4_1/js　index.js

```
038 // 初回のみ1秒後にメッセージを自動送信
039 setTimeout(function(){
040   addChatText("こんにちは！","other");
041 }, 1000);
```

初回のみメッセージ表示

STEP.2 ボタンクリック時に入力テキストを黒文字で追加

まずはランダムメッセージを配列に格納しておきましょう。

JavaScript　chap7/lesson4/sample/sample7_4_1/js　index.js

```
001 var answer = ["なるほど！", "ふむふむ", "うーん", "(笑)", "あらら・・・"];
```

「入力欄にメッセージを入力し、その横の送信ボタンをクリックするとメッセージが黒文字で追加される」という動きを作りましょう。これまでに学んだclickイベントと要素の取得を使います。また、メッセージ表示にはSTEP1で作成したaddChatText関数を使いましょう。

JavaScript　chap7/lesson4/sample/sample7_4_1/js　index.js

```
021 // 送信ボタンを押した時にメッセージを送信
022 document.getElementById("chat-send").addEventListener("click", function(){
023   var inputText = document.getElementById("chat-input");
024   // addChatText関数を入力値とCSSのclass判別文字列を引数として実行
025   addChatText(inputText.value,"you");
026   // 入力欄を空欄にする
027   inputText.value = "";
028 });
```

入力値を取得

STEP1で作った関数を使用

最後に、入力欄が空欄のままで「送信」ボタンがクリックされた場合はaddChatText()関数の処理が実行されないようにしておきます。

JavaScript　chap7/lesson4/sample/sample7_4_1/js　index.js

```
004 function addChatText(val, type) {
005   if(!val) return false;
      ～中略～
019 }
```

入力欄が空欄の場合は処理しない

STEP.3 8秒経つとランダムメッセージを赤文字で追加

setIntervalメソッドを使って、8秒毎にメッセージを表示させましょう。

JavaScript　chap7/lesson4/sample/sample7_4_1/js　index.js

```
030 // 8秒毎にメッセージを送信
031 setInterval(function(){
032   // ランダムの整数を設定
033   var index = Math.floor(Math.random() * answer.length);
034   // ランダムメッセージを表示
035   addChatText(answer[index], "other");
036 }, 8000);
```

ランダム値を出す

ランダムメッセージ表示

これで完成です！「index.html」をブラウザで表示して動きを確認しましょう。思い通りの動きになっているでしょうか。

処理やコードはとても複雑そうに見えますが一歩ずつまとめていけば大丈夫です。それでも理解が追いつかない場合には、少しずつコードを分解して考えてみましょう。一つ一つのパーツのコードをきちんと理解することができたら、すべてのコードをつなげて理解していきましょう。

Chapter 8

スライドショーの作成

これまで学んだJavaScriptの基礎の復習もかねて
Webサイトには欠かせないスライドショーを作ります。

Lesson 1

スライドショーの作成

作成する前の情報の整理

これまでにさまざまなJavaScriptを学んできましたね、お疲れ様です。このChapterでは今までに学んできた内容を踏まえたプログラムを作成して、知識を自分のものにしましょう。

作成するプログラムは「スライドショー」です。Webサイトで頻繁に見る機会のあるスライドショーですが、実際に自分で作成するにはどのように考えればいいのか、順を追って学んでいきましょう。

図 作成するスライドショー

なにかを作成する際には、必ず満たすべき機能を決めておきましょう。なにも考えずに作りはじめてしまうと、機能はもちろん、コードさえも思いついたまま書きはじめることになります。完成形のあるものを作る際には、「機能」を設定し、その機能に基づき設計し、コードを書きはじめていきましょう。機能が決まると、コードも書きやすくなりますよ。

今回作成するスライドショーは、以下の機能を備えたものにします。

- **画像の枚数に応じてドットナビの個数を自動で変更**
- **画像エリア左右に矢印ナビを配置**
- **最後の画像まで表示したら次は最初の画像に戻るようループさせる**
- **ドットナビまたは矢印ナビをクリックすると画像が切り替わる**

それではさきほど挙げた機能を備えたスライドショーを作成するために、以下のSTEPの順番で組み立てていきましょう。

- STEP.1 基本の枠組みとなるHTMLを作る
- STEP.2 画像を配列に設定する
- STEP.3 画像とドットナビを表示する
- STEP.4 現在表示されている画像とドットナビにクラス名を追加する
- STEP.5 画像とドットナビを切り替える処理の関数化
- STEP.6 ドットナビまたは矢印ナビのイベント処理を作成する

STEP.1 基本の枠組みとなるHTMLを作る

まずは、HTMLで基本となるタグを用意しておきます。サンプルファイルのフォルダ「practice8_1_1」の「index.html」をテキストエディタとブラウザで開きましょう。

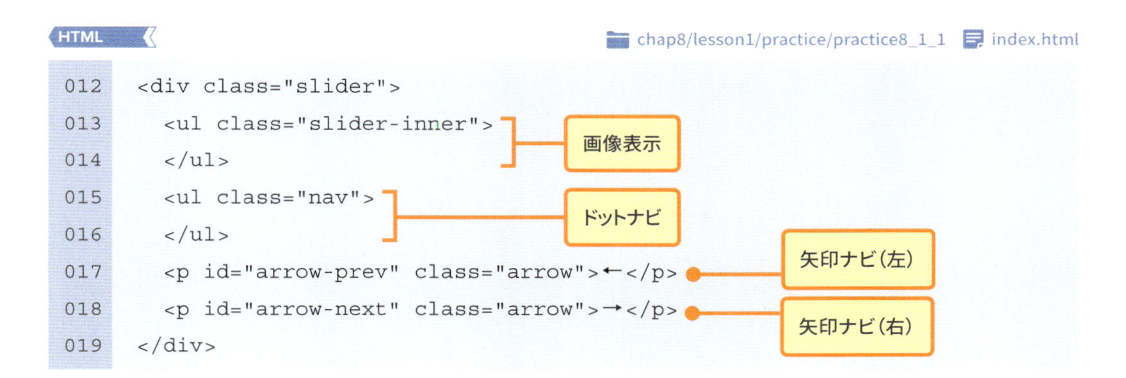

HTML　chap8/lesson1/practice/practice8_1_1　index.html

```
012 <div class="slider">
013   <ul class="slider-inner">
014   </ul>
015   <ul class="nav">
016   </ul>
017   <p id="arrow-prev" class="arrow">←</p>
018   <p id="arrow-next" class="arrow">→</p>
019 </div>
```


このHTMLを基に、JavaScriptで各要素に画像やナビを表示していきます。上記のHTMLをブラウザで表示すると、矢印ナビはCSSでスタイルを設定しているので形になっていますがクリックしてもなにも起きませんし、画像やドットナビも表示されていない状態です。これから作成していきましょう。

STEP.2 画像を配列に設定する

画像は配列imgListに格納しておきます。フォルダ「practice8_1_1」の「js」フォルダにある「index.js」に対して次ページのコードのように画像ファイルのパスを書きましょう。

表示する画像を増やしたい時には、配列に追加したい画像ファイルのパスを追加してください。表示したくなくなった画像は消すだけで大丈夫です。このように配列で管理しておくと、画像の変更が必要になった時に非常に楽です。

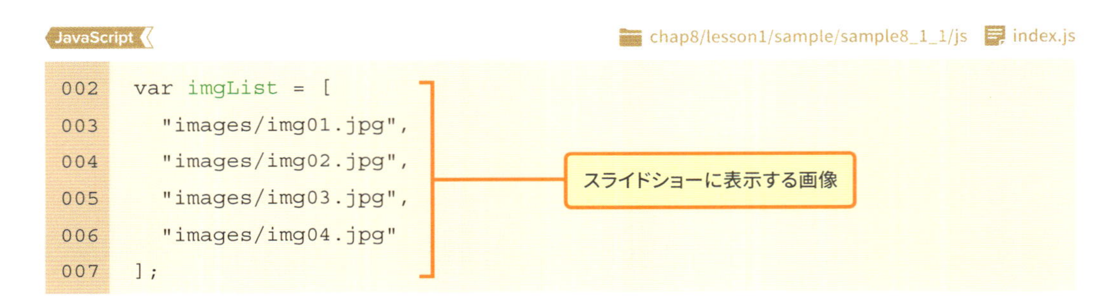

JavaScript　chap8/lesson1/sample/sample8_1_1/js　index.js

```
002 var imgList = [
003   "images/img01.jpg",
004   "images/img02.jpg",
005   "images/img03.jpg",
006   "images/img04.jpg"
007 ];
```


STEP.3 画像とドットナビを表示する

次に、スライドショーに表示する画像と画像下のドットナビを追加しましょう。HTMLにタグを直接書いていく方法もありますが、画像を変更したい時には都度編集しなければなりませんし、ドットナビも画像の枚数が変動すると都度変更しなければなりません。そこで、STEP2で作成した画像の配列「imgList」を利用して、JavaScriptで画像とドットナビを追加していきましょう。

配列に対して繰り返し処理をおこなうのに便利なfor文（p.69）を使用して記述していきます。画像とドットナビの追加方法を同時に見ると混乱してしまうので、まずは画像を追加する方法を見ていきましょう。

JavaScript　chap8/lesson1/sample/sample8_1_1/js　index.js

```
009 //  画像とナビの要素を自動で追加
010 for(var i = 0; i < imgList.length; i++) {
011   // li要素を取得
012   var slide = document.createElement("li");
013   // li要素の中に画像タグを埋め込む
014   slide.innerHTML = "<img src='" + imgList[i] + "'>";
015   // li要素をクラス名「slider-inner」の子要素として追加
016   document.getElementsByClassName("slider-inner")[0].appendChild(slide);
    ～中略～
024 }
```

li要素

画像タグ

画像追加

コメント部分を読めば詳細がわかりますが、上記のコードではスライドショーの画像タグを作成しています。

前ページではじめて出てきたgetElementsByClassName()メソッドですが、このメソッドは引数に要素のクラス名を指定します。そして、指定したクラス名が設定されている要素を取得します。ここで大事なのが、末尾に取得したい要素の番号を指定することです。番号は[]（カギカッコ）で囲みましょう。また指定する番号ですが、クラス名が設定されている要素すべてが対象となるので、表示されている順番を番号として書きましょう。0はじまりなので1番目なら0を指定します。今回はクラス名「slider-inner」を設定する要素は1つだけなので0を指定しています。

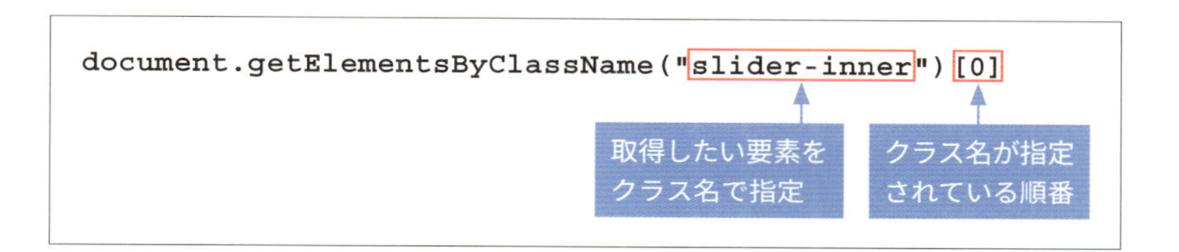

それでは次にドットナビを追加するコードを見ていきましょう。

JavaScript　chap8/lesson1/sample/sample8_1_1/js　index.js

```
009 // 画像とナビの要素を自動で追加
010 for(var i = 0; i < imgList.length; i++) {
      ～中略～
018   // li要素を取得
019   var nav = document.createElement("li");
020   // プロパティ「data-nav-index」に数値を割り振る
021   nav.setAttribute("data-nav-index", i);
022   // li要素をクラス名「nav」の子要素として追加
023   document.getElementsByClassName("nav")[0].appendChild(nav);
024 }
```

li要素 / 数値を割り振る / ドットナビ追加

上記のコードも画像追加と同じく、ドットナビを表示するliタグを作成しています。

ここで一旦HTMLをブラウザで表示すると、次ページの画像のようになっているかと思います。画像エリアはCSSで不透明度（opacity）を0（完全に透明）にしているので、写真部分は表示されていません。

POINT

「data-nav-index」はカスタムデータ属性といい、作成者が独自に作れる属性です。

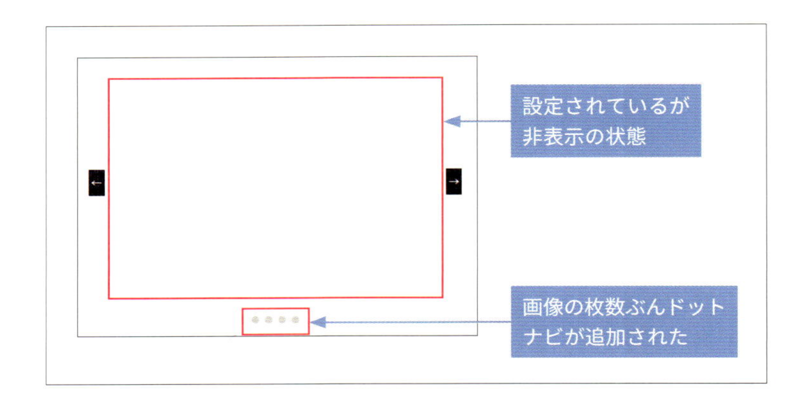

STEP.4 現在表示されている画像とドットナビにクラス名を追加する

この時点で「index.html」をブラウザで確認すると、すべての画像はCSSによって不透明度（opacity）を操作されて不透明になっており、すべてのドットナビは薄いグレーに見えている状態です。これを、現在表示されているはずの画像を見えるように、また、それに対応するドットナビは濃いグレーに見えるように、スタイルを調整します。今回は以下のコードが既にCSSファイルに記述されています。

CSS

```
001 .slider .slider-inner li.show {
002   opacity: 1;        完全に不透明
003 }
004 .slider .nav li.current {
005   background: #aaa   濃い灰色
006 }
```

CSSでopacity（不透明度）を1に設定すると完全に不透明になり画像が見えるようになります。また、CSS3アニメーションでopacityをアニメーションさせることも可能なので、よく使われるスタイルの1つです。

上記のスタイルを設定したクラス名「show」を表示する画像に付け、それに対応するドットナビにクラス名「current」を付けるよう「index.js」を編集しましょう。

POINT

今回CSS側ではCSS3によるopacityアニメーション処理を付けてリッチに見えるスライドショーにしています。本題からそれるので説明は省きますが、サンプルファイルを確認して理解を深めましょう。

JavaScript　chap8/lesson1/sample/sample8_1_1/js　index.js

```
028  // クラス名「imageSlide」に画像の1枚の要素を格納
029   var imageSlide = document.getElementsByClassName("slider-inner")[0].
      getElementsByTagName("li");  ← 画像1枚の要素
030  // クラス名「dotNavigation」にドットナビの1つの要素を格納
031   var dotNavigation = document.getElementsByClassName("nav")[0].
      getElementsByTagName("li");  ← ドットナビ1つの要素
032  // 「現在○○枚目の画像を表示している」というインデックス番号を格納する変数
033  var nowIndex = 0;
034  // 現在表示されている画像とドットナビにクラス名を付ける
035  imageSlide[nowIndex].classList.add("show");  ← クラス名「show」追加
036  dotNavigation[nowIndex].classList.add("current");  ← クラス名「current」追加
```

getElementsByTagName()メソッドは、引数に指定したHTMLタグの要素を取得します。classList.add()メソッドは、引数に指定したクラス名を、メソッドの前に指定している要素に付与します。

ここで一旦HTMLをブラウザで表示してみましょう。下の画像のようになっているでしょうか？見た目は完成です！　あとは、矢印ナビやドットナビをクリックした際に、前の画像や次の画像に遷移する処理を追加していくだけです。もうひとふんばり頑張りましょう！

STEP.5 画像とドットナビを切り替える処理の関数化

早速クリック時のイベント処理を書いていきましょう、といいたいところですが、まずは次ページのイベント処理のコードのイメージを見てください。

```
イベントリスナー（左矢印ナビをクリック）{
  クラス名を付与
}
イベントリスナー（右矢印ナビをクリック）{
  クラス名を付与
}
イベントリスナー（ドットナビをクリック）{
  クラス名を付与
}
```

クリックする対象以外は同じ処理

　画像を切り替える、ドットナビを切り替える際の対象となるクリック要素は「左矢印ナビ」「右矢印ナビ」「ドットナビ」の3つですが、その対象要素の違い以外に異なる処理はほぼありません。クリックイベントの際に処理を呼び出すイベントリスナー、表示する画像や対応するナビのクラス名を付与する処理、いずれも同じです。

　ただし、厳密にいえば3つの要素それぞれのイベント処理は異なる箇所もあります。ですが、クラス名を付与する動作については同じなのでこの部分だけsliderSlideという関数にしましょう。下記コードの32、33行目はすでに紹介していますが、なんの変数だったか思い出しておきましょう。

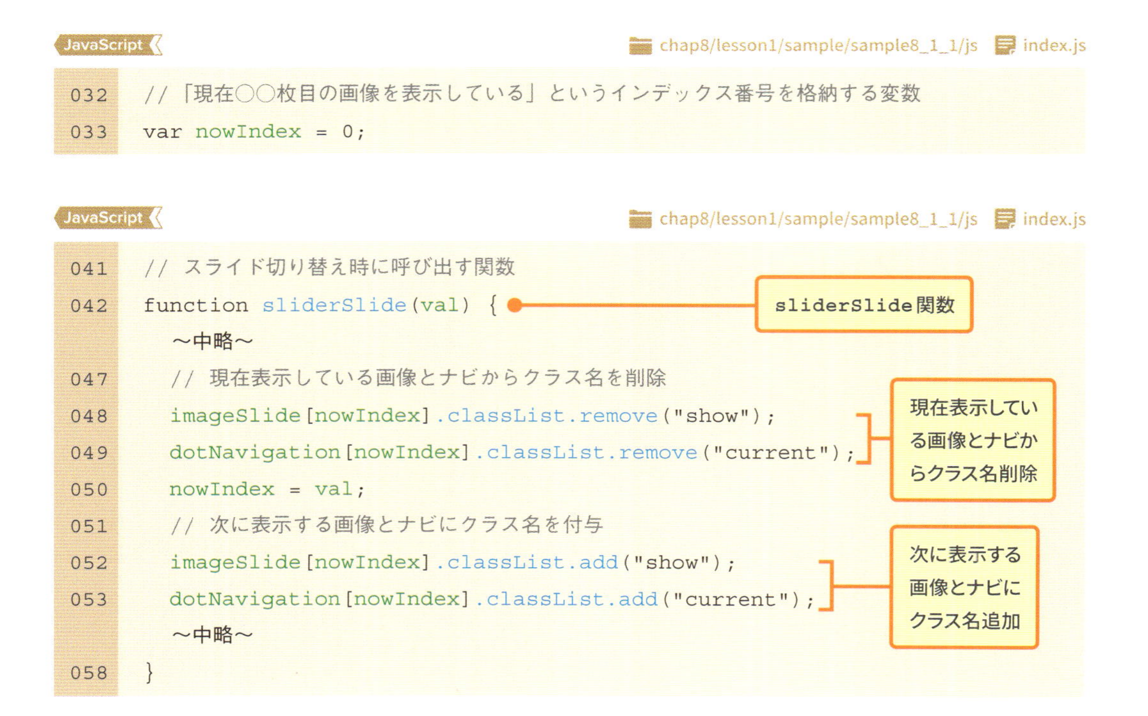

JavaScript　chap8/lesson1/sample/sample8_1_1/js　index.js

```
032 //「現在〇〇枚目の画像を表示している」というインデックス番号を格納する変数
033 var nowIndex = 0;
```

JavaScript　chap8/lesson1/sample/sample8_1_1/js　index.js

```
041 // スライド切り替え時に呼び出す関数
042 function sliderSlide(val) {
      〜中略〜
047   // 現在表示している画像とナビからクラス名を削除
048   imageSlide[nowIndex].classList.remove("show");
049   dotNavigation[nowIndex].classList.remove("current");
050   nowIndex = val;
051   // 次に表示する画像とナビにクラス名を付与
052   imageSlide[nowIndex].classList.add("show");
053   dotNavigation[nowIndex].classList.add("current");
      〜中略〜
058 }
```

3つのナビそれぞれがクリックされた時に共通して実行される処理の「クラス名を付与」を記述しています。コード中の説明を見ると「クラス名を削除」というコメントも記述されています。これは、各ナビがクリックされるまでに表示されていた画像とドットナビに付与されていた「current」「show」クラスを削除しておかなければ、画像とドットナビが切り替わらないからです。

remove()メソッドを使用し、現在表示している画像とそれに対応するドットナビだということを示す「show」「current」クラス名を削除します。そして、次に表示する画像とドットナビに「show」「current」クラス名を付与します。add()メソッドを使用しましょう。

また、画像とドットナビの切り替え、特にnowIndexの切り替えのイメージが難しい人は以下の図を参考にしてください。ちなみに関数の引数「val」にはクリック時に次に表示する画像の番号が入ってきます。

図 右矢印ナビクリック時の画像とドットナビの切り替えのイメージ

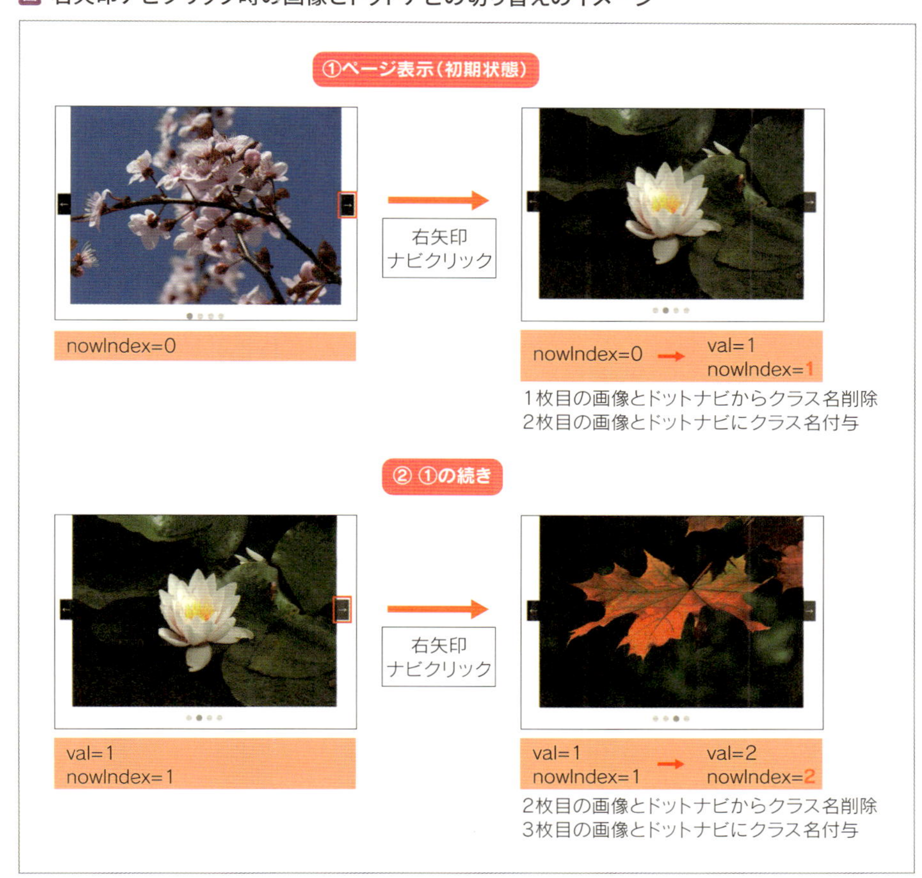

関数にもう一つ機能を加えましょう。今回作るスライドショーには画像の切り替え時にアニメーションを使用しています。CSS3で作成しているのでアニメーションの詳細を知りたい人はCSSファイルを見てください。

そのアニメーションはゆるやかにスライドさせるというアニメーションなのですが、このアニメーション中（スライド中）には別の画像の切り替えをおこなわせない（例えば1番目の画像がスライド中の時に3番目のドットナビをクリックしても3番目の画像には切り替わらない）という処理を入れようと思います。以下がそのコードです。

JavaScript　chap8/lesson1/sample/sample8_1_1/js　index.js

```
037 // スライドがアニメーション中か判断するフラグ
038 var isChanging = false;
039 // スライドのsetTimeoutを管理するタイマー
040 var slideTimer;
041 // スライド切り替え時に呼び出す関数
042 function sliderSlide(val) {
043   if (isChanging === true){
044     return false;
045   }
046   isChanging = true;
    ～中略（クラス名削除・付与の処理）～
054   // アニメーションが終わるタイミングでisChangingのステータスをfalseに
055   slideTimer = setTimeout(function(){
056     isChanging = false;
057   }, 600);
058 }
```


変数「isChanging」を使ってスライド中かどうかを判断させています。「isChanging」がtrueだとスライド中で、falseだとスライドはおこなわれていない状態です。

sliderSlide関数を実行する時にまずおこなわれるのが「スライド中ならクラス名削除・付与しない」＝「画像の切り替えをしない」という処理です。コード中の「return false;」とは、関数を抜けて以降の処理をおこなわないようにするものです。

スライド中でなければそのまま画像の切り替えがおこなわれます。

そして最後、setTimeout()メソッドで600ミリ秒経ったらスライド中ではない（isChanging = false）という処理をおこなっていますが、これはCSS3によるアニメーションが600ミリ秒かけておこなわれるので600と設定しています。

POINT

「フラグを立てる・折る」ということがあります。フラグとは「特定の条件を満たしているか判断する印（旗）」という意味で、true または false で判定されます。「フラグが立つ＝特定の条件を満たしている印（旗）を立てる」という意味です。プログラミングをする上では一般的に使われます。

STEP.6 ドットナビまたは矢印ナビのイベント処理を作成する

sliderSlide関数を利用して、クリック処理を追加します。Chapter7（p.114）で学んだイベントリスナーのclickイベントを使用しましょう。まずは下記のコードを書いておきます。

JavaScript　chap8/lesson1/sample/sample8_1_1/js　index.js

```
026 // スライドの数を取得（処理のために-1する）
027 var length = imgList.length - 1;
```

スライドに表示する画像の数を変数「length」に格納しています。「length」はスライドに表示している画像が先頭または末尾の画像だった時に利用します。具体的に説明すると、先頭の画像を表示している時に左矢印ナビをクリックすると、末尾の画像へスライドし、末尾の画像を表示している時に右矢印ナビをクリックすると、先頭の画像にスライドさせるための変数です。

図 矢印ナビによる画像のループのイメージ

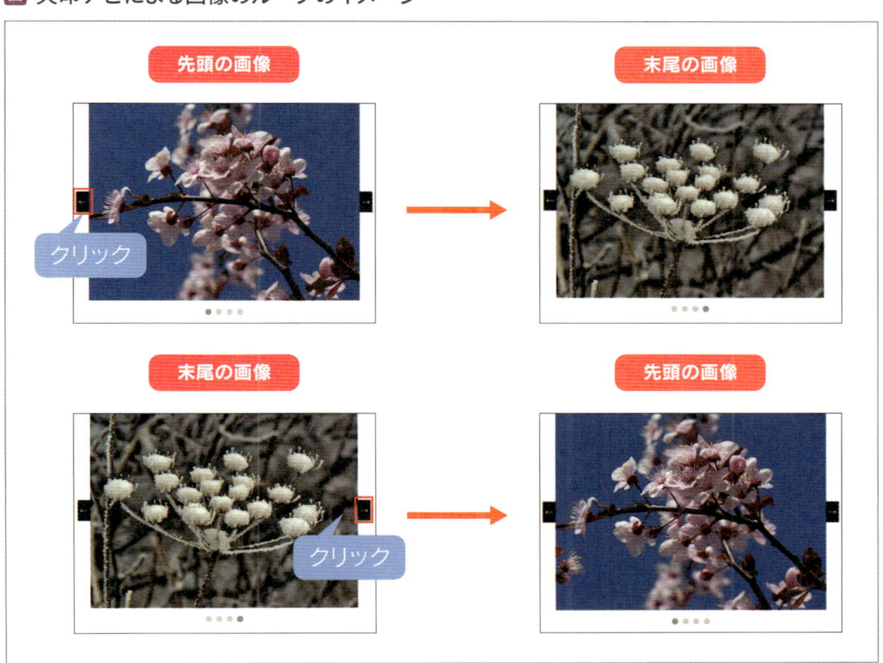

それではドットナビ、矢印ナビに設定するクリック処理のコードを見てみましょう。

JavaScript　chap8/lesson1/sample/sample8_1_1/js　index.js

```
060 // 左矢印のナビをクリックした時のイベント
061 document.getElementById("arrow-prev").addEventListener("click", function(){
062   var index = nowIndex - 1;
063   if(index < 0){
064     index = length;
065   }
066   sliderSlide(index);
067 }, false);
068 // 右矢印のナビをクリックした時のイベント
069 document.getElementById("arrow-next").addEventListener("click", function(){
070   var index = nowIndex + 1;
071   if(index > length){
072     index = 0;
073   }
074   sliderSlide(index);
075 }, false);
076 // ドットナビをクリックした時のイベントを作成
077 for(var i = 0; i < dotNavigation.length; i++) {
078   // データ属性のインデックス番号を元にスライドを行う
079   dotNavigation[i].addEventListener("click", function(){
080     var index = Number(this.getAttribute("data-nav-index"));
081     sliderSlide(index);
082   }, false);
083 }
```

前の画像の番号（062行目）

先頭の画像を表示した状態で前へ移動しようとした場合、末尾の画像に移動させる（063〜065行目）

次の画像の番号（070行目）

末尾の画像を表示した状態で次へ移動しようとした場合、先頭の画像に移動させる（071〜073行目）

getAttribute()メソッドは、引数に指定したHTML要素の属性の値を取得します。ここでは、クリックしたドットナビの属性「data-nav-index」に設定されている値を取得しています。ドットナビの属性「data-nav-index」にはドットナビの左から順番に番号が振られているので、その値を取得することで何番目のドットナビがクリックされたかをここでは確認しているということです。

これでドットナビ、矢印ナビをクリックするとSTEP5で作ったsliderSlide関数が実行されるようになりました。

スライドショーは完成です。「index.html」をブラウザで表示して、動作を確認しましょう。スライドショーに備える機能としてはじめに決めた動作はクリアしているでしょうか？

記述するプログラムが長くなってきたため、複雑になってきたように感じますが、一つ一つは今までに学んできたことです。このChapterをマスターすれば、JavaScriptの基礎はほとんど習得したことになります。

わからない部分が出てきたら、学習した内容をもう一度読み返して、ゆっくりと自分のものにしていきましょう。

COLUMN

CSS3について

今回作ったスライドショーはアニメーション部分をCSS3で実装しています。アニメーション次第にはなりますが、CSS3で実装されるアニメーションは負荷も軽いため最近非常に使われています。JavaScriptだけではなくCSS3も同様に学んでいくのもいいでしょう。ここでは、デモのCSS3を簡単に説明します。ドットナビ部分のCSSは以下のように指定します。

CSS

```
001 .slider .nav li {
002   transition: background 400ms
003 }
```

CSS3ではアニメーションさせる対象に対して、transitionというものを設定することができます。ここでは色の薄いドットナビをマウスオンするとゆるやかに濃いドットナビに変化するというアニメーションをさせています。400msとにmsはミリ秒なので、0.4秒となります。

COLUMN

サムネイル画像のナビにする

さきほど作成したスライドショーを少しだけカスタマイズしてみます。単純なドットだったナビを、わかりやすいサムネイル画像のナビにしてみましょう。

図 サムネイル画像のナビのイメージ

JavaScript　chap8/lesson1/sample/sample8_1_2/js　index.js

```
010 for(var i = 0; i < imgList.length; i++) {
      ～中略～
024   nav.style.backgroundImage = "url(" + imgList[i] + ")";
025   nav.style.width = 100 / imgList.length + "%";
      ～中略～
029   document.getElementsByClassName("nav")[0].appendChild(nav);
030 }
```

この2行を追加

基本はドットナビのコードと全く同じです。上記コードの示す2行のみを追加してください。24行目でナビに表示する画像を指定し、25行目で画像を縮小してナビゲーションに適したサイズに設定しています。

Chapter 9

jQuery

jQueryを使うことでリッチな動きを手軽に作れます。
JavaScriptで学んだことを活かせるので、
ぜひ身に付けましょう。

Lesson 1

jQueryの概要

jQueryのメリット

JavaScriptの使い方について、たくさんの方法や構文を学んできました。ここからはそんなJavaScriptをよりリッチに、かつ手軽に利用できるjQueryについて学んでいきましょう。

jQueryとは、JavaScriptをさらに便利に使えるライブラリです。ライブラリには他にも種類がありますが、ここでは多くのWebサイトで使用されているjQueryに絞って学んでいきましょう。**ライブラリには頻繁に使うメソッドやイベントなどがあらかじめ使いやすいようにセットされています。**そのため、冗長になりがちなソースコードもjQueryを使用して記述していくと**端的にわかりやすく記述していくことができます。**

ここで1つ注意しておきたいのが、jQueryはJavaScriptであるということです。忘れがちなので心に留めておきましょう。

図 jQueryの使用イメージ

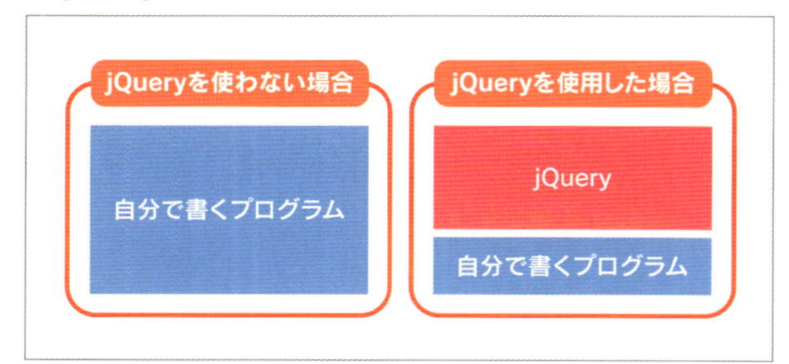

POINT

ここから学んでいくjQueryでは現在（2018年5月時点）最新のバージョン3.3.1に基づいた形で記述していきます。古いバージョンだと記述方法が変わる部分もあるのでバージョン3.3.1を使用してください。

jQueryを使うとどんなに短くコードが書けるのか見てみましょう。今はコードの意味などは理解しなくて構いませんので、こんなに短く書けるのだということを認識しておきましょう。ここでは、次のページのようなHTMLがあるとします。

HTML

```
001 <dl>
002   <dt>今日の天気</dt>
003   <dd class="weather">晴れ</dd>
004 </dl>
```

上記のHTMLコードの「晴れ」という文字の色をピンク色にします。今までに学んでいたJavaScriptの場合は下記のように記述していました。

JavaScript

```
001 var element = document.querySelector(".weather");
002 element.style.color = "#ff7c89";
```

2行

一方、jQueryを使用すると下記のように1行のコードにおさまります。

jQueryを利用することで、**簡潔にコードを記述することはもちろん、アニメーションを実行したり、レイアウトを変更したりなどの演出部分をリッチに表現することが可能です。**

JavaScript

```
001 $(".weather").css("color", "#ff7c89");
```

1行

図 jQueryで実現できる例

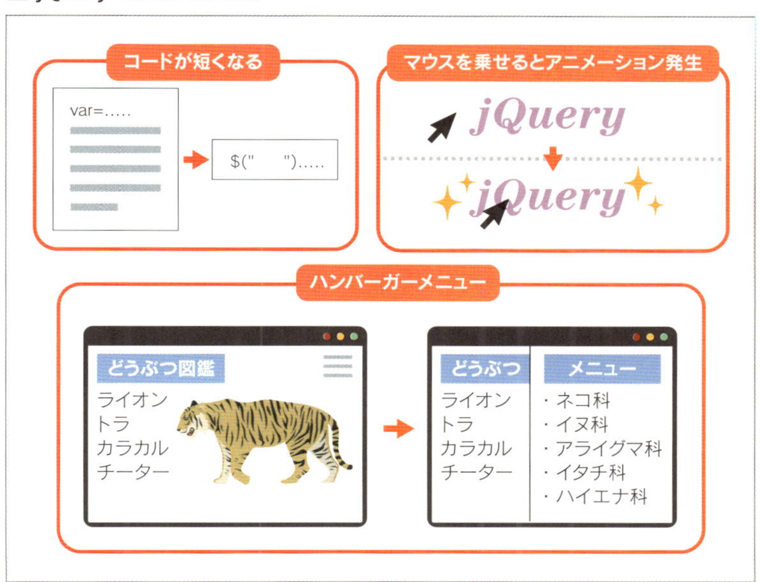

Lesson 2

jQueryを使う準備

jQueryをHTMLに読み込ませる

jQueryを使うには、あらかじめjQueryのjsファイルをHTML側で読みこんでおく必要があります。

jQueryをダウンロード

まずはjQueryのjsファイルをダウンロードします。jQueryはマイナーアップデート（p.145）も定期的にしているライブラリなので、できるだけ最新バージョンをダウンロードしていくようにしましょう。

jQuery公式サイト | https://jquery.com/

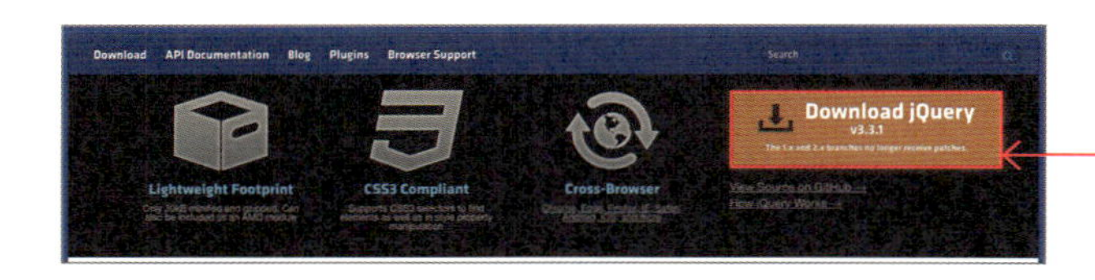

1 jQuery公式サイトを表示

2 「Download jQuery」をクリック

Downloading jQuery

Compressed and uncompressed copies of jQuery files are available. The uncompressed file is best us debugging; the compressed file saves bandwidth and improves performance in production. You can a file for use when debugging with a compressed file. The map file is *not* required for users to run jQuer developer's debugger experience. As of jQuery 1.11.0/2.1.0 the `//# sourceMappingURL` comment is compressed file.

To locally download these files, right-click the link and select "Save as..." from the menu.

jQuery

For help when upgrading jQuery, please see the upgrade guide most relevant to your version. We also Migrate plugin.

Download the compressed, production jQuery 3.3.1

Download the uncompressed, development jQuery 3.3.1

3 「Download the compressed, production jQuery 3.3.1」を右クリックしてメニューからダウンロード

ダウンロードしたら、次はこのjQueryのjsファイルをHTMLで読み込ませましょう。ダウンロードしただけでは使えません。

▨ jQueryをHTML側で読み込む2つの方法

jQueryを使用するにはあらかじめHTML側で読み込んでおく必要があります。読み込む方法は大きく2つあります。

- ダウンロードしたjsファイルを読み込む
- CDNとして配布されているコードを読み込む

それでは、それぞれの書き方を学びましょう。

ダウンロードしたjsファイルを読み込む方法

まずは、さきほどダウンロードしたjQueryのjsファイルを読み込む方法を説明します。jQueryを使用したいHTMLにjsファイルを読み込むコードを記述します。その**書き方は従来のJavaScriptのjsファイルを読み込むコードと全く同じです**（書き方はp.35参照）。

ただし、jQueryのjsファイルの読み込みコードは、jQueryを利用するJavaScriptのjsファイルよりも必ず前に書きましょう。簡単にいえば、**「自分で作成したjsファイルよりも前にjQueryのjsファイルの読み込みを指定する」**ということです。また、jsファイルの読み込みコードは</body>の直前に書くよう注意しましょう。

HTML

```
001 <body>
002   <script src="js/jquery-3.3.1.min.js"></script>
003   <script src="js/index.js"></script>
004 </body>
```

jQueryファイルの読み込み

HTMLに書くと上記のようになります。ちなみにjQueryのjsファイルは、JavaScriptのファイルと同じ「js」フォルダ内に配置している想定です。

CDNコードを読み込む方法

CDNとは「Contents Delivery Network」の略称で、ファイルや画像などのデジタルコンテンツをインターネット上で配信するためのネットワークのことをいいます。これらは、大量のアクセスにも最適化されているため、自分のサーバーにアクセスさせるよりも利点が多く、利用されることが多いです。

CDNのリンク先はjQueryダウンロードページのページ下に準備されています。CDNはGoogleやMicrosoftなどが提供していますが、今回はGoogle CDNを利用する方法を説明します。

最新バージョンのjQueryのCDN読み込みタグをコピーしたら、下記のHTMLコードのように貼り付けます。なお、**ダウンロードしたjsファイルを読み込む時と同じく、自分で作成したjsファイルよりも先に配置してください。**

HTML

```
001 <body>
002   <script src="https://ajax.googleapis.com/ajax/libs/jquery/3.3.1/
      jquery.min.js"></script>   ← CDNリンク先の読み込み
003    <script src="js/index.js"></script>
004 </body>
```

ダウンロードしたjsファイルを読み込む方法、CDNのリンク先を指定する方法、どちらも動きは変わりませんが、ダウンロードしたjsファイルを使用すると、ネットワークにつながっていない場合も使用できます。また、万が一CDNにアクセスできない場合も考慮し、本書では**あらかじめダウンロードしたjsファイルを読み込む方法を利用します。**

jQueryを利用してJavaScriptを記述する

Chapter6（p.105）で書いた簡単なコードをjQueryを使ったコードに変更して実行してみましょう。書き方については次のLesson3で説明するので、イメージだけつかんでください。

HTML　chap9/lesson2/sample/sample9_2_1　index.html

```
007 <body>
008   <h1>JavaScript Practice</h1>
009   <dl>
010     <dt>今日の天気</dt>
011     <dd class="weather">晴れ</dd>
012   </dl>
013   <script src="js/jquery-3.3.1.min.js"></script>
014   <script src="js/index.js"></script>
015 </body>
```

JavaScript　chap9/lesson2/sample/sample9_2_1/js　index.js

```
001 $(function(){
002   $(".weather").css("color", "#ff7c89");
003 });
```

jQueryを使用すると上記のようなコードになります。上記のコードが書かれたHTMLファイルをブラウザで表示させると、以下のように表示されることを確認しましょう。

JavaScript Practice

今日の天気
　晴れ

POINT

マイナーアップデートとは、例えばバージョン「3.3.1」がバージョン「3.3.2」にアップデートされることです。バージョン番号に2つ「.（ドット）」が付くアップデートのことをいいます。

Lesson 3

jQueryの基本構文

基本のjQueryを書く

jQueryを利用したJavaScriptを記述する準備ができたので、これから書き方を学んでいきましょう。

基本的な書き方

まずは実行させたい処理を書いていく前に以下のコードを参考にフォルダ「practice9_3_1」の「js」フォルダの「index.js」に記述します。このfunction内に自分が実行したいプログラムを書いていきます。

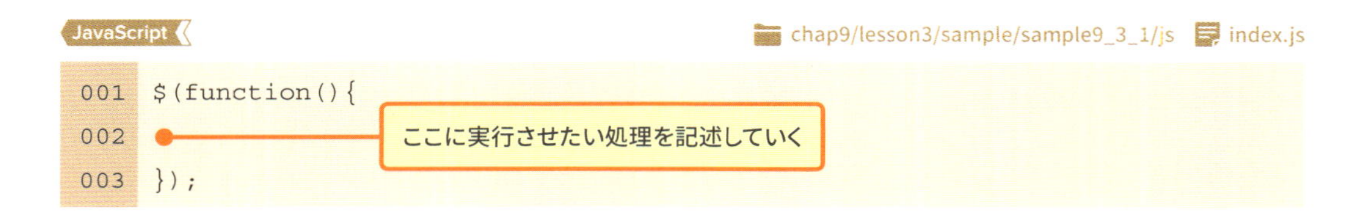

COLUMN

もっと詳しく知る

上記のコードは省略可能なコードを削ったものです。コードをすべて書き出したものは以下になります。意味を理解するために見ておきましょう。

JavaScript

```
001 $(document).ready(function() {
002     // ここに実行させたい処理を記述していく
003 });
```

上記のコードを説明すると、DOM（document）の読み込みが終わったら（※画像をのぞく）、function内の処理を実行するということです。

さきほど書いたfunction内に処理を記述していきます。今回はHTML要素のクラス名「weather」に対してCSSのスタイルで文字色をピンクに設定してみましょう。

jQueryを使用しない場合をおさらいすると、以下のコードになります。

JavaScript

```
001  var element = document.querySelector(".weather");  ● 要素の格納
002  element.style.color = "#ff7c89";  ● 文字色をピンクに
```

上記コードをjQueryを利用して書くと、以下のようになります。

```
$(".weather").css("color", "#ff7c89");
```

セレクタ　メソッド

JavaScript　chap9/lesson3/sample/sample9_3_1/js　index.js

```
002  $(".weather").css("color", "#ff7c89");  ● jQuery
```

このように、jQueryを使用すると、要素の指定と処理を一行でおこなえます。

通常のJavaScriptでは「querySelector() メソッド」を使用して要素を取得していましたが、jQueryでは「$()」と記述することで同じような働きをします。要素を取得する（セレクタ）際には「$()」を使用する、と思って構いません。

そのセレクタの後ろには「.css(スタイルのプロパティ，スタイルの値)」が書かれていますが、「css()」はjQueryオブジェクトのメソッドです。jQueryにはさまざまなメソッドやプロパティが存在すると述べましたが、jQueryオブジェクトとはそれらのメソッドやプロパティを持ったオブジェクトのことです。「css() メソッド」はスタイルを簡単に設定できるので覚えておきましょう。

jQueryの基本の構文は「セレクタ」「メソッド」で成り立っていると考えましょう。セレクタはメソッドを実行する要素で、メソッドは処理内容です。

POINT

「$」のセレクタには1つの要素だけではなく、複数の要素を指定することもできます。複数の要素を指定したい場合は「,（カンマ）」で区切りましょう。

メソッドチェーンを使う

メソッドチェーンを利用することでメソッドを連続して指定、実行できます。例えば以下のコードでは「css()メソッド」と「fadeOut()メソッド」をメソッドチェーンでつなげています。フォルダ「practice9_3_2」の「js」フォルダの「index.js」の2行目に以下のコードを記述して下さい。

JavaScript　chap9/lesson3/sample/sample9_3_2/js　index.js

```
002  $(".weather").css("color", "#ff7c89").fadeOut("slow");
```

css()メソッドはさきほど説明した通り、CSSのスタイルを設定するjQuryオブジェクトのメソッドです。fadeOut()メソッドも同じくjQuryオブジェクトのメソッドで、指定した要素に対してフェードアウトさせることができます。引数の「slow」は早さの設定で、文字通りゆっくりとフェードアウトさせます。

上記のコードを記述し終えたら、HTMLをブラウザで表示して動きを確認しましょう。

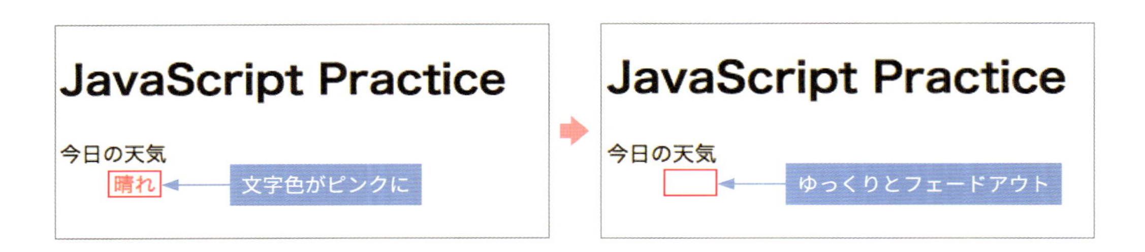

2つのメソッドが連続して実行されています。**メソッドチェーン**は連続してメソッドを書いて実行させることができる点でも有用ですが、**処理が速くなるというメリットもあります。**使用できる時にはぜひ使っていきましょう。

Lesson 4

さまざまな要素の指定の仕方

セレクタの指定方法

jQueryをあつかう際には、主にセレクタとメソッドを使用して処理を実行させるということを学びました。ここではそのセレクタについて、もう少し具体的に学んでいきましょう。

セレクタを指定する方法はLesson3でおこなった方法以外にもいくつかあります。まずはセレクタのいくつかの指定方法を知っておきましょう。フォルダ「practice9_4_1」の「index.html」をテキストエディタで開いてください。

HTML　chap9/lesson4/practice/practice9_4_1　index.html

```
013 <nav id="navi">
014   <ul class="list">
015     <li class="list_item item">その0</li>
016     <li class="list_item item">その1
017       <ul class="list-list">
018         <li class="list-list_item item item1_0">その1の0</li>
019         <li class="list-list_item item item1_1">その1の1</li>
020         <li class="list-list_item item item1_2">その1の2</li>
021       </ul>
022     </li>
023     <li class="list_item item">その2</li>
024   </ul>
025 </nav>
```

それでは、上記コードのHTMLを使って、jQueryを利用して「リストの背景色をピンクにする」などのスタイルを設定していきます。jQueryではセレクタを使って、大きく3つの方法で対象のHTML要素を指定することができます。順番に見ていきましょう。

HTML要素で指定する

HTML要素を指定してスタイルを設定する方法です。下記コードの通りフォルダ「practice9_4_1」の「js」フォルダの「index.js」に記述して下さい。

JavaScript　chap9/lesson4/sample/sample9_4_1/js　index.js

```
001 $(function(){
002   $("nav").css("background-color", "pink");
003 });
```

要素「nav」を指定

要素navだけではなくnavで囲まれた要素すべてを指定することになります。「index.html」をブラウザで表示すると、下図のようにnavの領域全体がピンク色の背景色になります。

- その0
- その1
  - その1の0
  - その1の1
  - その1の2
- その2

もちろん、自分以外の要素を含んでいない要素を指定すれば1つの要素だけが対象になりますし、同じ要素が複数あった場合はそのすべての要素が対象になります。

id名やclass名で指定する

書き方はcssの場合と同じです。idの場合は「#id名」、classの場合は「.class名」と記述してセレクタを指定しましょう。フォルダ「practice9_4_2」の「js」フォルダの「index.js」に書きましょう。

JavaScript　chap9/lesson4/sample/sample9_4_2/js　index.js

```
001 $(function(){
002   $("#navi").css("background-color", "pink");
003   $(".item").css("color", "red");
004 });
```

id名を指定

class名を指定

id名＝「navi」の要素に背景色ピンクを指定し、class名＝「item」の要素に赤文字を指定しています。「index.html」をブラウザで表示すると次ページのような画面が表示されます。

- その0
- その1
  - その1の0
  - その1の1
  - その1の2
- その2

HTMLの位置関係を利用して指定する

これまで学んできた指定方法を記号と組み合わせることで、HTMLの位置関係でセレクタを指定できます。記号によって、単一ではなく範囲指定するイメージです。文章では理解しづらいと思うので、実際に下記のコードをフォルダ「practice9_4_3」の「js」フォルダの「index.js」に記述してみましょう。

JavaScript　chap9/lesson4/sample/sample9_4_3/js　index.js

```
001 $(function(){
002   // ul直下のli要素に背景色を指定
003   $("ul > li").css("background-color", "pink");
004   // .list-list直下の.itemに文字色赤を指定
005   $(".list-list > .item").css("color", "red");
006 });
```

- 003：ul要素直下のli要素を指定
- 005：クラス名list-list直下のクラス名itemを指定

HTMLのコードで対象範囲を仮にあらわすとこのようなイメージです。

HTML　chap9/lesson4/sample/sample9_4_3　index.html

```
013 <nav id="navi'>
014   <ul class="list">
015     <li class="list_item item">その0</li>
016     <li class="list_item item">その1
017       <ul class="list-list">
018         <li class="list-list_item item item1_0">その1の0</li>
019         <li class="list-list_item item item1_1">その1の1</li>
020         <li class="list-list_item item item1_2">その1の2</li>
021       </ul>
022     </li>
023     <li class="list_item item">その2</li>
024   </ul>
025 </nav>
```

- 015〜023：ul>li
- 018〜020：.list-list>.item

「index.html」をブラウザで表示すると、下記のように表示されます。

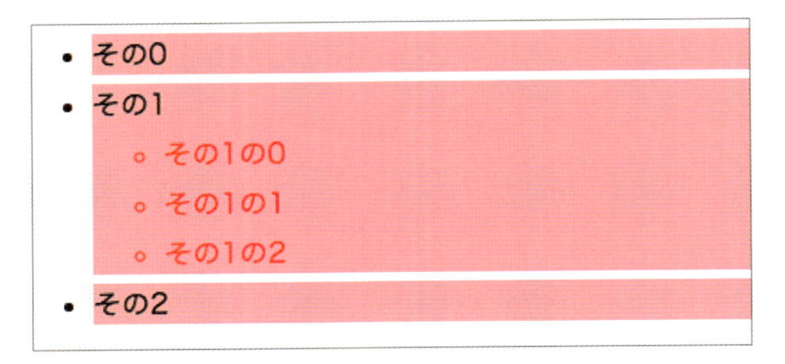

今回は「>」の記号を使いましたが、他にも使える記号があります。すべてCSSと同じ書き方です。

表 jQueryのセレクタ指定に使用できる記号

記号	例	意味
>	ul > li	ul要素の直下のli要素
,	ul,li	ul要素とli要素
+	ul + li	ul要素に隣接したli要素
半角スペース	ul li	ul要素の子要素以下のli要素

1つずつ例を見ていって学習しましょう。

下記コードをフォルダ「practice9_4_4」の「js」フォルダの「index.js」に書いてみましょう。「,」は明示的に複数の要素を指定できます。

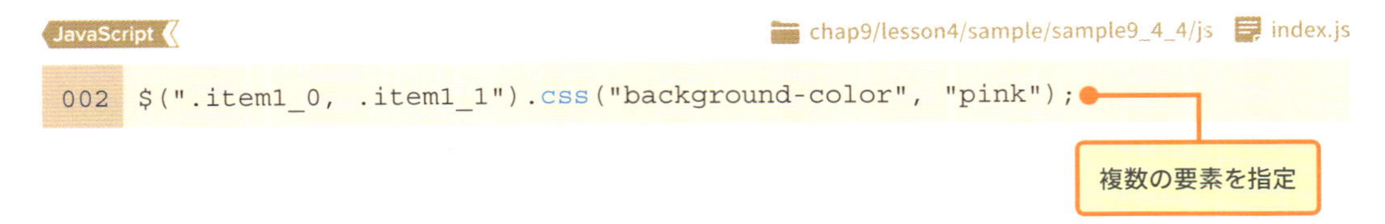


```
002 $(".item1_0, .item1_1").css("background-color", "pink");
```

HTMLをブラウザで表示すると以下のようにclass名「item1_0」と「item1_1」の要素が指定されています。

- その0
- その1
  - その1の0
  - その1の1
  - その1の2
- その2

下記コードは「+」を使って隣接した要素を指定しています。フォルダ「practice9_4_5」の「js」フォルダの「index.js」に書いてみましょう。

JavaScript　chap9/lesson4/sample/sample9_4_5/js　index.js

```
002 $(".item1_0 + .item1_1").css("background-color", "pink");
```

隣接

HTMLをブラウザで表示すると以下のようにclass名「item1_0」に隣接した「item1_1」の要素が指定されています。

- その0
- その1
    - その1の0
    - その1の1
    - その1の2
- その2

下記コードは半角スペースを使って子要素以下を指定しています。こちらもフォルダ「practice9_4_6」の「js」フォルダの「index.js」に実際に書いてみてください。

JavaScript　chap9/lesson4/sample/sample9_4_6/js　index.js

```
002 $(".list-list li").css("background-color", "pink");
```

HTMLをブラウザで表示すると以下のようにclass名「list-list」の子要素のli要素が指定されています。

- その0
- その1
    - その1の0
    - その1の1
    - その1の2
- その2

メソッドによる要素の指定方法

ここまではセレクタでHTML要素を指定する方法を学びましたが、**メソッドで**要素を指定することもできます。ここではその方法を学びましょう。

下記コードを見てください。css()メソッドの前に「.parent()」という記述がありますね。この部分がメソッドによる要素の指定です。フォルダ「practice9_4_7」の「js」フォルダの「index.js」に書いてみましょう。

JavaScript　chap9/lesson4/sample/sample9_4_7/js　index.js

```
001 $(function(){
002   $(".list-list_item").parent().css("background-color", "pink");
003 });
```

メソッドによる要素の指定

「parent()メソッド」は、直前に指定した要素の親要素を、対象要素として指定します。上のコードではclass名「list-list_item」の要素の親要素（今回はul要素）の背景色をピンク色にするよう設定しています。HTMLをブラウザに表示すると以下のように確認できるでしょうか。

- その0
- その1
  - その1の0
  - その1の1
  - その1の2
- その2

このようなメソッドによる要素の指定方法は、以下のようなものがあります。

表 要素を指定するメソッド

メソッド	例	意味
parent()	$(li).parent()	li要素の親要素
children()	$(li).children()	li要素の子要素
next()	$(li).next()	li要素の次の要素
prev()	$(li).prev()	li要素の前の要素
siblings()	$(li).siblings()	li要素の同列の兄弟要素

Lesson 5 jQueryのイベント

イベントの書き方

Chapter7でJavaScriptのイベントについて学びました。そこでイベント処理をおこなうイベントリスナーについて学びましたが（p.112）、同様にjQueryでもイベントリスナーに似たイベント処理の仕方があります。JavaScriptでは`addEventListener()`メソッドを使っていましたが、jQueryではさらに簡単に記述できます。jQueryでのイベントの書き方を学んでいきましょう。

Chapter7で使用したHTMLと同じ内容のHTMLファイルを使って、jQueryを使用したJavaScriptの記述を確認しましょう。

HTML　chap9/lesson5/sample/sample9_5_1　index.html

```
008 <h1>JavaScript Practice</h1>
009 <dl>
010   <dt>明日の天気</dt>
011   <dd>晴れ</dd>
012 </dl>
013 <button id="nice">いいね！</button>
```

JavaScript　chap9/lesson5/sample/sample9_5_1/js　index.js

```
001 $(function(){
002   $("#nice").click(function(){   ← イベント処理：クリックすると実行
003     alert("いいね！");
004   });
005 });
```

今までに書いていたコードがうそのように簡潔にまとめることができました。ここでは「`click()`メソッド」を使用することで、id名「`nice`」の要素をクリックした時の処理を実行させています。

ブラウザでHTMLを表示させて「いいね！」ボタンをクリックすると、次ページのように「いいね！」というメッセージが書かれたダイアログが表示されます。

JavaScript Practice

明日の天気
晴れ

いいね！

このページから
いいね！
OK

このようにjQueryではイベントのためのメソッドが準備されているので、それらを使用して簡単に記述できます。下の表に頻用するイベントメソッドを挙げているので参考にしてください。

表 jQueryで使用できるイベントメソッドの例

イベント内容	イベント名
クリックイベント	click
マウス挙動のイベント	mousedown, mouseup, mousemove, mouseout, mouseover, …
キーボード挙動のイベント	keydown, keypress, keyup
スクロールイベント	scroll
ロードイベント	load

また、on()メソッドを使用することで複数のイベントをまとめて設定することもできます。指定するイベントはChapter7で学んだイベント名です（p.113）。フォルダ「practice9_5_2」の「js」フォルダの「index.js」に以下のコードを書いてみましょう。

JavaScript　chap9/lesson5/sample/sample9_5_2/js　index.js

```
002 $("#nice").on("mouseover mouseout", function(){
003   console.log("いいね！");
004 });
```

マウスを重ねた時、マウスを外した時に実行

「index.html」をブラウザで開き、コンソールを表示しておいてください。「いいね！」ボタンにマウスを重ねたり、外したりする動作を5回おこなうと、以下のように数字のアイコンに「5」と表示され、右側に「いいね！」というメッセージが表示されます。

数字のアイコンは、設定したイベントが発生した時に処理が実行されていることをわかりやすくするために実装しているものなので、気にせずに挙動だけ確認してください。

5 いいね!
>

Lesson 6 ハンバーガーメニューの作成

jQueryで一つのプログラムを作成する

jQueryの基本的な使い方は理解できたでしょうか。ここからはより具体的に学んでいきましょう。

このLessonでは、スマートフォン専用のWebサイトで頻繁に目にする「ハンバーガーメニュー」を作成します。画面右上の三本線のアイコンをクリックしたら、右側からシュッとメニューが出てくる作りにします。

図 作成するハンバーガーメニュー

1 ハンバーガーメニューをクリック

2 メニューが表示される

Chapter8のLesson1（p.126）でおこなったように、まずは今回作成するプログラムの仕様の確認をしましょう。

・**ハンバーガーメニューをクリックしたら、右側からメニューがあらわれる**

POINT

今回のデモでは、ハンバーガーメニューをクリックすると三本線のアイコンが矢印のアイコンへと変わる、CSS3によるアニメーションを付けています。本書ではCSS3アニメーションの解説はしませんが、興味のある方はサンプルファイル内のCSS3のコードを見て理解を深めましょう。

STEP.1 作り方を考える

フォルダ「practice9_6_1」の「index.html」ではハンバーガーメニュー以外も記述していますが、ここではハンバーガーメニューに絞って学習します。

では、まずは基本形となるHTMLの作りを見てみましょう。

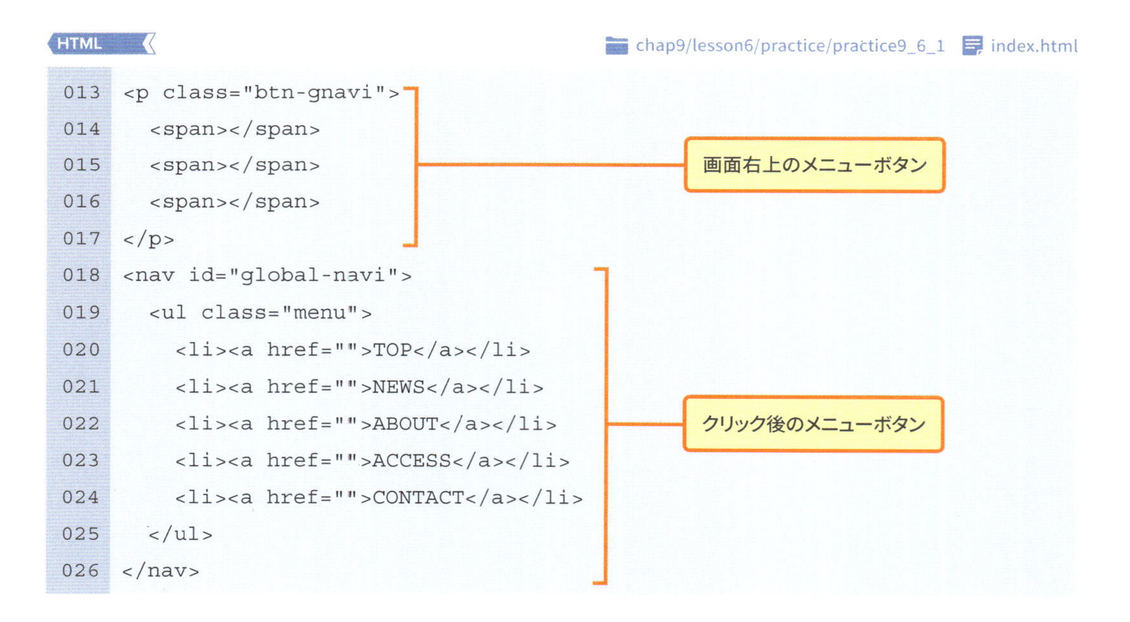


```
013 <p class="btn-gnavi">
014   <span></span>
015   <span></span>
016   <span></span>
017 </p>
018 <nav id="global-navi">
019   <ul class="menu">
020     <li><a href="">TOP</a></li>
021     <li><a href="">NEWS</a></li>
022     <li><a href="">ABOUT</a></li>
023     <li><a href="">ACCESS</a></li>
024     <li><a href="">CONTACT</a></li>
025   </ul>
026 </nav>
```

この状態でブラウザではどのように表示されるのか確認しておきましょう。

三本線のハンバーガーメニューのアイコンのみ表示され、ハンバーガーメニューをクリックするとあらわれるメニューは表示されていませんね。これはCSSでメニューを表示しないようあらかじめ設定しているためです。

CSS　chap9/lesson6/practice/practice9_6_1/css　layout.css

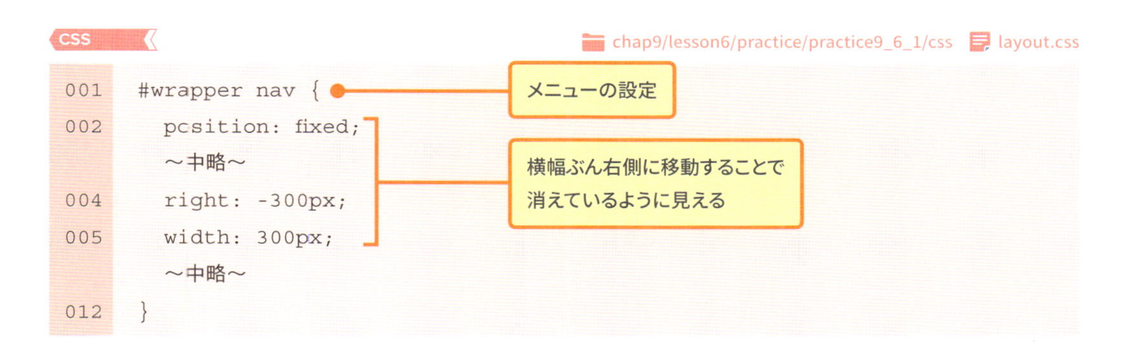

```
001  #wrapper nav {
002    pcsition: fixed;
       ～中略～
004    right: -300px;
005    width: 300px;
       ～中略～
012  }
```


これを、「ハンバーガーメニューをクリックしたらメニューが表示される」「矢印アイコンをクリックしたらメニューが閉じる」動きにしましょう。やることを分解すると、「ハンバーガーメニュー（矢印アイコン）を**クリックしたら処理をおこなう**」「メニューを表示する・非表示にする」の動きをJavaScriptとjQueryで作ればいいということです。整理すれば以下のようになります。

STEP.2 ハンバーガーメニュー（矢印アイコン）をクリックしたら処理をおこなう
　→イベントメソッドを使用する

STEP.3 メニューを表示する・非表示にする
　→CSSでメニューの表示位置を変える（right プロパティの変更）

それでは順番に作成していきましょう。

STEP.2 ハンバーガーメニュー(矢印アイコン)をクリックしたら処理をおこなう

まずはLesson3で学んだ(p.146)、jQueryを記述する際に使用する基本のコードをフォルダ「practice9_6_1」の「js」フォルダの「index.js」に書きましょう。ここに処理内容を記述していきます。

JavaScript　chap9/lesson6/sample/sample9_6_1/js　index.js

```
001  $(function(){
       ～中略～
020  });
```

それでは処理を実行するイベントを指定するために、Lesson5で学んだイベントメソッドを追加しましょう。ここではon()メソッドを使用します(p.156)。

ハンバーガーメニュー、矢印アイコンをクリックした時に処理を実行させたいので、要素はクラス名「btn-gnavi」イベントは「click」を指定しましょう。下記がそのコードになります。

JavaScript　chap9/lesson6/sample/sample9_6_1/js　index.js

```
001  $(function(){
002    $(".btn-gnavi").on("click", function(){
         ～中略～
019    });
020  });
```

処理を発生させる対象要素とイベントを指定

これで「ハンバーガーメニュー、矢印アイコンをクリックしたら処理をおこなう」という動きは作成できました。次のSTEP3では、処理の中身を書いていきましょう。

STEP.3 メニューを表示する・非表示にする

メニューの表示・非表示を切り替えるには、CSSのrightプロパティを変更すれば実現できます。なので、clickイベントが発生した時のイベント処理にはrightプロパティの変更をおこないましょう。

また、「メニューが表示されている時には矢印アイコンをクリックして非表示にする」、「メニューが非表示の時はハンバーガーメニューをクリックして表示する」という、「メニューが表示されているのか非表示なのか」という判定もしなければなりません。そのため、ここでは仮にクラス名「open」を作成してメニューに付与しましょう。つまり、メニューが非表示状態の場合はクラス名「open」は付与されていない状態で、メニューが表示状態の場合はクラス名「open」が付与されているという状態にします。

ここまでの作成の仕方をまとめると以下の内容になります。

- **ハンバーガーメニューまたは矢印アイコンをクリックした時、メニューにクラス名「open」が付与されていない場合は、CSSのrightプロパティを「0」に変更**
- **ハンバーガーメニューまたは矢印アイコンをクリックした時、メニューにクラス名「open」が付与されている場合は、CSSのrightプロパティを「-300」に変更**

上の文章だけではややこしいですが、図であらわすと以下のようになります。

図 作成する動作のイメージ

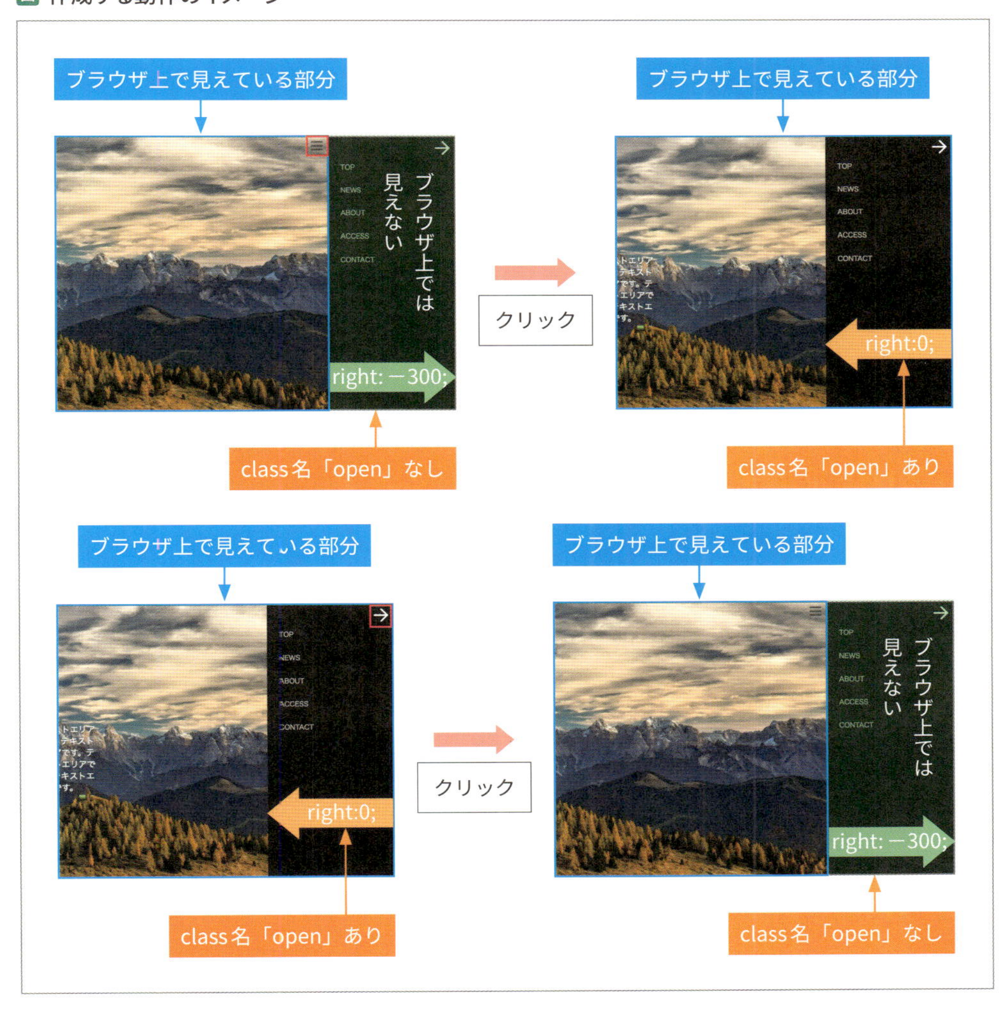

それでは実際にコードに記述していきましょう。

JavaScript　chap9/lesson6/sample/sample9_6_1/js　index.js

```
001 $(function(){
002   $(".btn-gnavi").on("click", function(){
003     // ハンバーガーメニューの位置を設定するための変数
004     var rightVal = 0;
005     if($(this).hasClass("open")) {
006         //「open」クラスを持つ要素はメニューを開いた状態に設定
007         rightVal = -300;
008         // メニューを開いたら次回クリック時は閉じた状態になるよう設定
009         $(this).removeClass("open");
010     else {
011         //「open」クラスを持たない要素はメニューを閉じた状態に設定(rightValは0の状態)
012         // メニューを閉じたら次回クリック時は開いた状態になるよう設定
013         $(this).addClass("open");
014     }
  ～中略～
019   });
020 });
```


jQueryオブジェクトのメソッド「hasClass()」「removeClass()」「addClass()」を説明します。「hasClass()」は対象の要素が引数に指定したクラスを持っているかどうかを判断して値を返します。「removeClass()」は対象の要素に対して引数に指定したクラスを削除します。「addClass()」は対象の要素に対して引数に指定したクラスを追加します。

クラス名「btn-gnavi」に囲まれたHTML要素は、クラス名「open」が付与されていない場合はブラウザの外に隠れていて、クラス名「open」が付与されると開いた状態（画面右に表示された状態）になるように設定しています。

これで完成のように見えますが、ここまでのコードではアニメーション処理は書いていません。なので、メニューの「表示」「非表示」が切り替わるのみで、滑らかにアニメーションとして「開く」「閉じる」という動きにはなりません。これを次のSTEP4でアニメーションさせましょう。

ちなみに、アニメーション処理をさせるために変数「rightVal」（rightプロパティ）の値もまだCSSに反映させていません。STEP4で同時に処理しましょう。

STEP.4 ハンバーガーメニューが右側からアニメーションして出現するようにする

最後に滑らかにメニューが開閉するアニメーションを追加しましょう。

「animate()」メソッドだけでもアニメーションを実行させられますが、「stop().animate()」とメソッドチェーンを利用することで、ユーザーが連続でアニメーションを実行した時も快適に動作します。

快適に動作するという意味ですが、もし「stop()」を使用しなかった場合、例えば「mouseover」イベント発生時（マウスが乗ったとき）にアニメーションさせたい時に、マウスが乗る度にアニメーションが最後まで実行されてしまいます。**stop() があると、マウスが乗っている間だけアニメーションさせることができます。**

下記では、id名「global-navi」に囲まれた要素（メニュー）を200ミリ秒かけて右に「rightVal」の値だけ移動する、というアニメーションを実行させています。

JavaScript　chap9/lesson6/sample/sample9_6_1/js　index.js

```
001 $(function(){
002   $(".btn-gnavi").on("click", function(){
        ～中略～
004     var rightVal = 0;
005     if($(this).hasClass("open")) {
          ～中略～
007       rightVal = -300;
          ～中略～
009       $(this).removeClass("open");
010     } else {
          ～中略～
013       $(this).addClass("open");
014     }
015
016     $("#global-navi").stop().animate({
017       right: rightVal        ← 表示位置を設置
018     }, 200);                 ← アニメーションの早さの設定
019   });
020 });
```

JavaScriptの記述は上記ですべてです。これでハンバーガーメニューができ上がりました。

「index.html」をブラウザで表示してハンバーガーメニューが動作するか確認してみましょう。下に画像を載せています。

図 ハンバーガーメニューの完成図

いかがだったでしょうか。新しいメソッドや使い方など慣れない部分はあったかと思いますが、jQueryを使用することでわかりやすく簡潔に記述していくことができました。on()メソッドやanimate()メソッドは基本的な使い方として身に付けておくべき知識なので、きちんと理解しておきましょう。

COLUMN

アイコンを変更するアニメーション（CSS3）について

ハンバーガーメニューの三本線アイコンを矢印アイコンに変更するアニメーションの説明が抜けているのではと思われた人も多いかと思います。アイコンを変更するアニメーションはCSS3で作成しているので、今回は触れていません。

サンプルファイルのフォルダ「sample9_6_1」のフォルダ「css」の「layout.css」にアニメーションのコードを記述しています。36行目から56行目が該当箇所なので、興味のある人は確認してみてください。

Lesson 7

jQueryプラグイン

jQueryプラグインとは

jQueryは世界中でたくさんの人に使われているため、jQueryを元にしたプラグインも多く配布されています。プラグインとは、機能を拡張するためのプログラムです。

jQueryを使用して作られているプラグインをjQueryプラグインといいます。非常に有用なものが多いので、このLessonで使い方を学びましょう。

プラグインはそれぞれ機能が異なり、ポップアップの表示や、スライドショー、背景に動画を表示させるなど各自特徴を持っています。

図 jQueryプラグインの例

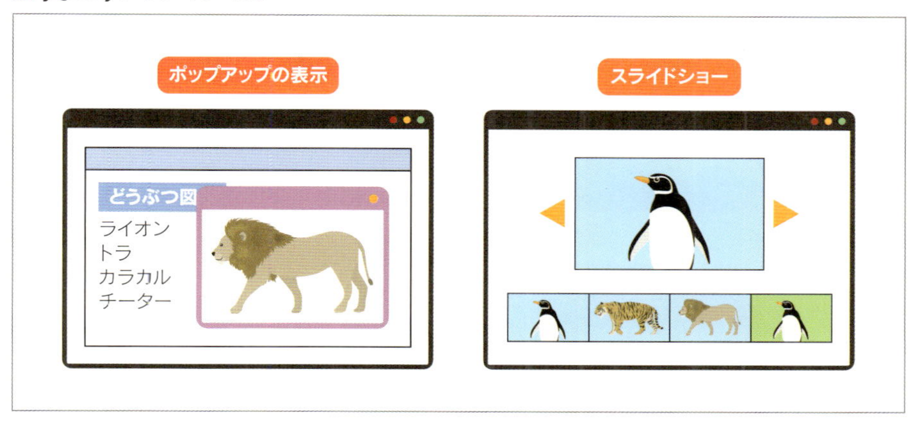

使い方はプラグインの作者によって異なるため、事前に使い方を確認して利用しましょう。

また、必ず確認しなければいけないことは「ライセンス条項」です。プラグインの中には商用利用を許可していないものや、有料のものもたくさんあります。使い方とライセンスをきちんと確認して利用しましょう。

Googleなどの検索エンジンで「jQuery プラグイン アニメーション」をキーワードにして検索するとさまざまなプラグインの情報が表示されます。追加で「まとめ」などもキーワードにすると、「おすすめ30選jQueryプラグイン」などのまとめが見られるので便利です。

それでは次ページで実際にjQueryプラグインを使ってみましょう。

jQueryプラグインでテキストにアニメーションを付ける

テキストアニメーションのjQueryプラグインはWeb上にあふれるほど多くのものがあるので、自分に合ったものを見つけるのは難しいかもしれません。

今回紹介する「textillate.js」は、その中でも使い方がシンプルで、アニメーションの種類が豊富にそろっています。「こんなことも簡単にできるんだ！」という手軽さがプラグインの魅力なので、作成する楽しさを感じながら学んでいきましょう。

「textillate.js」のダウンロード

textillate.js | https://textillate.js.org/

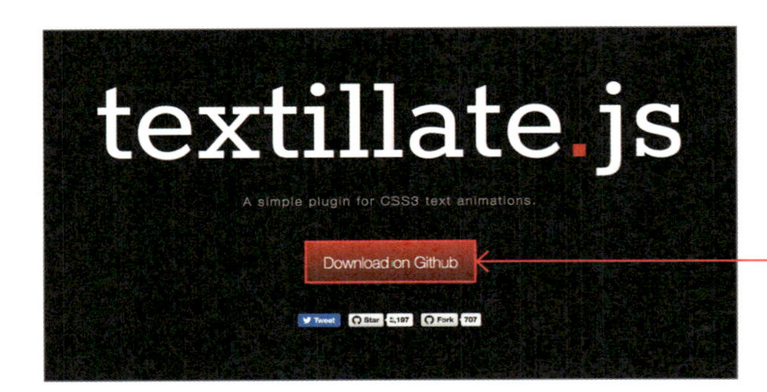

1 「textillate.js」のWebサイトを表示

2 「Download on Github」ボタンをクリック

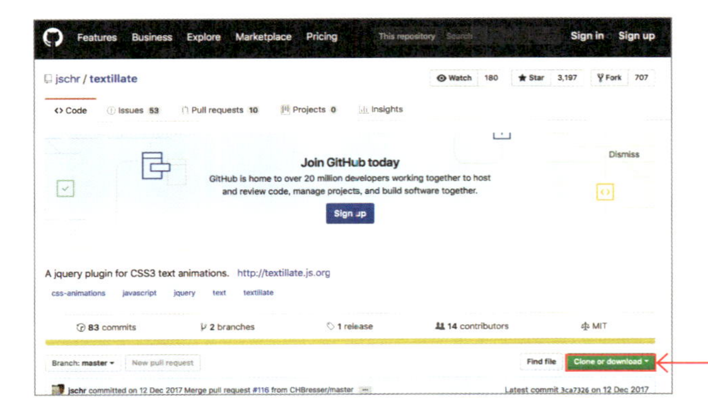

3 「Clone or download」ボタンをクリックして表示される「Download ZIP」をクリック

以上で「textillate.js」のダウンロードは完了です。

テキストにアニメーションを付ける

さきほどダウンロードしたzipファイルを解凍すると「textillate-master」というフォルダが作成されます。その中には複数のファイルが入っていますが、必要なファイルは以下のみです。

- textillate-master/jquery.textillate.js
- textillate-master/assets/jquery.lettering.js
- textillate-master/assets/animate.css

「textillate.js」というjQueryプラグインは、上記3ファイルから成り立っていると考えてください。これらをjQueryプラグインを利用するフォルダに移動します。フォルダ「practice9_7_1」に配置しましょう。jsファイルは「js」フォルダに、cssファイルは「css」フォルダに配置してください。

POINT

jQueryプラグインの中にはCSSや他のjQueryプラグインがセットになって入っているものも多いので、なにが必要なのかは必ず確認しておきましょう。1つでも足りないと動かないので要注意です！

それでは、HTMLからそれぞれのファイルを読み込みましょう。jQueryプラグインなので、ライブラリであるjQueryを読み込んだ後に、該当ファイルを読み込むようにしましょう。

フォルダ「practice9_7_1」の「index.html」に下記のように書きましょう。

HTML　chap9/lesson7/sample/sample9_7_1　index.html

```
003 <head>
004   <meta charset="utf-8">
005   <meta name="viewport" content="width=device-width">
006   <meta http-equiv="X-UA-Compatible" content="IE=edge">
007   <title>テキストアニメーション</title>
008   <link rel="stylesheet" href="css/reset.css">
009   <link rel="stylesheet" href="css/animate.css">   ← jQueryプラグインのcssファイル読み込み
010   <link rel="stylesheet" href="css/layout.css">
011 </head>
012 <body>
      ～中略～
020   <script src="js/jquery-3.3.1.min.js"></script>   ← jQueryの読み込み
021   <script src="js/jquery.lettering.js"></script>   ┐ jQueryプラグインの
022   <script src="js/jquery.textillate.js"></script>  ┘ jsファイル読み込み
023   <script src="js/index.js"></script>
024 </body>
```

次にアニメーションを付けたいテキストを確認しましょう。

サンプルファイルのHTMLには色々なHTMLタグが書かれていますが、ここではテキストアニメーションに必要な箇所のみ説明していきます。

「index.html」をブラウザで表示させると以下の画面が表示されます。

今回は、以下のテキスト「This is the site」にアニメーションを付けましょう。

HTML　chap9/lesson7/sample/sample9_7_1　index.html

```
016 <h1>This is the site</h1>
```

それでは、フォルダ「practice9_7_1」の「js」フォルダの「index.js」にテキストアニメーションの記述をしていきます。

jQueryプラグインの多くは、プラグインを配布しているWebサイトに使い方のサンプルを掲載しているので、それを参考に記述しましょう。

textillate.jsは以下URLの「Usage」にサンプルを掲載しています。

GitHubのtextillateページ | https://github.com/jschr/textillate

次ページに該当ページの一部を掲載しているので確認してください。

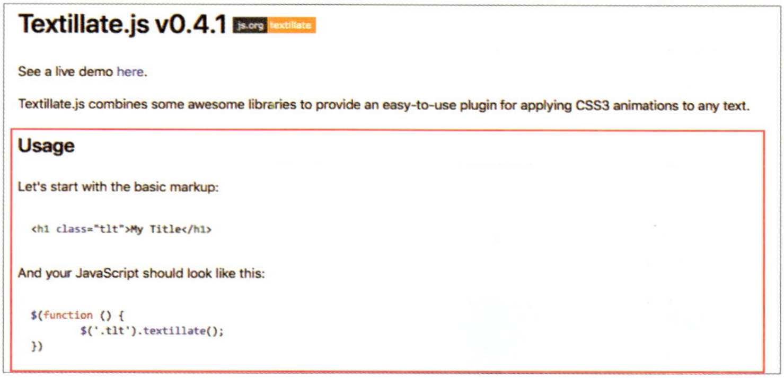

Textillate.js v0.4.1 js.org textillate

See a live demo here.

Textillate.js combines some awesome libraries to provide an easy-to-use plugin for applying CSS3 animations to any text.

Usage

Let's start with the basic markup:

```
<h1 class="tlt">My Title</h1>
```

And your JavaScript should look like this:

```
$(function () {
        $('.tlt').textillate();
})
```

上記「Usage」の英文の説明を読むとわかりますが、JavaScriptは以下のコードを利用することでテキストアニメーションが実現できます。

JavaScript

```
001 $(function(){
002   $('.tlt').textillate();
003 })
```

textillate()メソッドでテキストアニメーション付与

上記のコードは例文なので、指定されている要素を変更しましょう。上記ではclass名「tlt」が対象要素になっているので、今回は下記コードのようにHTML要素の「h1」に変更します。

JavaScript　chap9/lesson7/sample/sample9_7_1/js　index.js

```
001 $(function(){
002   $("h1").textillate();
003 })
```

対象要素を「h1」に変更

POINT

例文では対象要素を「'（シングルクォーテーション）」で囲っていますが、もちろん「"（ダブルクォーテーション）」でも大丈夫です。

さきほどのコードを記述して実行すると、次ページの画像のようにテキストアニメーションが実装されます。静止画像なのでわかりづらいですが、画面左から順番に文字がやってくるアニメーションです。

オプションを設定する

このように、jQueryプラグインを利用するとリッチな演出が簡単なコードで可能になります。

jQueryプラグインの中には、さらにカスタマイズができるように、オプションを設定できるものもあります。

textillat.jsにもいくつかオプションが用意されています。textillat.jsのWebサイトでサンプルアニメーションが確認できるので見てみましょう。

textillate.js | https://textillate.js.org/

上記URLのページを表示し、下にスクロールすると以下のような画面が表示されます。

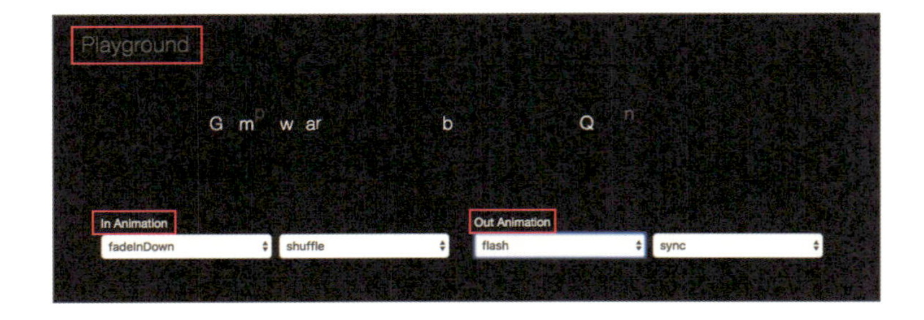

「Playground」というタイトル下の枠にサンプルのテキストアニメーションが動いているのですが、「In Animation」と「Out Animation」の下にあるプルダウンを操作することでさまざまなオプションのテキストアニメーションが確認できます。

「In Animation」はテキストが表示される（フェードインのIn）アニメーションを設定できます。逆に「Out Animation」はテキストが消える（フェードアウトのOut）アニメーションを設定できます。

自分で好きなように選択して確認するのも面白いのでぜひ試してみてください。

下記のコードで、いくつかのオプションを設定してみました。書き方はGitHubのtextillateページ（p.168）の「Options」に記載されているので参考にしてください。

JavaScript　chap9/lesson7/sample/sample9_7_2/js　index.js

```
001 $(function(){
002   $("h1").textillate({
003     loop: true,
004     // フェードイン時のアニメーション
005     in: {
006       effect: 'fadeInDown',
007       delay: 50,
008       shuffle: true
009     },
010     // フェードアウト時のアニメーション
011     out: {
012       effect: 'flash',
013       delay: 50
014     }
015   });
016 })
```

- 003: アニメーションをループさせる
- 006: エフェクトの設定
- 007: 1文字ごとのアニメーション実行時間
- 008: シャッフルして出現させる

下図のようにフェードイン時とフェードアウト時のアニメーションが付与できます。

このようにたった数行の記述で華やかな演出ができるので色々カスタマイズしてみましょう。

Lesson 8

jQueryプラグインで実践

【実習】プラグイン「Colorbox」を使う

まとめとして、ポップアップを簡単に作成できることで有名なjQueryプラグイン「Colorbox」を利用してポップアップを作りましょう。

このプラグインは無料で商用利用が可能です。さらに、使い方もわかりやすくカスタマイズ機能も豊富にあるのでおすすめのプラグインの一つです。

「Colorbox」プラグインのダウンロード

Colorbox　https://www.jacklmoore.com/colorbox/

上記でダウンロードしたzipファイルを解凍すると「colorbox-master」というフォルダが作成されます。その中の「example1」〜「example5」のフォルダの内容は、ColorboxのWebサイトに表示されている「View Demos」の1〜5に該当します。

図 デモとフォルダの対応関係

5つのポップアップはそれぞれ動作や見た目が異なるので、デモで確認して好きなものを選びましょう。その上で、フォルダ「colorbox-master」にある「jquery.colorbox-min.js」と、該当する「example1」〜「example5」いずれかの「colorbox.css」とフォルダ「images」を、フォルダ「practice9_8_1」の「js」フォルダと「css」フォルダにそれぞれに移動させます。

jQueryプラグインでcssファイルを流用する時に必ず確認しなければならないことですが、cssファイルから画像が読み込まれている場合が頻繁にあります。なので、画像のファイルパスの変更も忘れないようにしましょう。ファイルパスの変更はテキストエディタによる一括置換が便利です。本書で紹介したBracketsの場合は、置換（Ctrl+H）またはファイルを横断して置換（Ctrl+Shift+H）を使って変更しましょう。今回は変更する必要はありません。

POINT

jQueryプラグインのJavaScriptファイルだけではなく、付随している他のファイルも画像ファイルのパスが記載されていないか確認するようにしましょう。

STEP.1 jQueryプラグインの読み込み

では、実際にコードを書いていきましょう。まずはポップアップを作成するHTMLに必要なファイルだけ読み込むよう記述します。フォルダ「practice9_8_1」の「index.html」に記述していきましょう。

HTML　chap9/lesson8/sample/sample9_8_1　index.html

```
003 <head>
004   <meta charset="utf-8">
005   <meta name="viewport" content="width=device-width">
006   <meta http-equiv="X-UA-Compatible" content="IE=edge">
007   <title>jqueryプラグイン</title>
008   <link rel="stylesheet" href="css/reset.css">
009   <link rel="stylesheet" href="css/colorbox.css">
010   <link rel="stylesheet" href="css/layout.css">
011 </head>
012 <body>
      〜中略〜
029   <script src="js/jquery-3.3.1.min.js"></script>
030   <script src="js/jquery.colorbox-min.js"></script>
031   <script src="js/index.js"></script>
032 </body>
```

colorbox.cssの読み込み

jQueryの読み込み

colorboxのjsファイル読み込み

書き方は従来と同じです。それでは、ポップアップを表示させるために具体的にコードの書き方を見ていきましょう。

STEP.2 画像のポップアップ表示

まずは画像をポップアップで表示させる方法を確認します。ポップアップのイメージは以下です。

ポップアップは「クリックしたら画像などが開く」という動きをするので、「a」タグで囲われることが多いです。今回もそのように設定しましょう。リンク先は画像のファイルパスを指定しています。

HTML　chap9/lesson8/sample/sample9_8_1　index.html

```
015 <section id="section01">
016   <a href="images/popup/img01.jpg">ポップアップボタン1</a>
      ～中略～
018 </section>
```

ポップアップを表示させるためにはcolorbox()メソッドを使用します。上記のaタグをセレクタに設定して、colorbox()メソッドを実行させましょう。

JavaScript　chap9/lesson8/sample/sample9_8_1/js　index.js

```
001 $(function(){
002   // 画像1枚毎のポップアップが出ます。オプション指定なし
003   $("#section01 a").colorbox();
      ～中略～
019 });
```

これだけの記述で、ただ画像が表示されるのではなく、ポップアップとして画像を表示することができます。

STEP.3 簡易ギャラリーをポップアップ表示

Colorboxを使うことで複数の画像をギャラリーのように見せることもできます。ポップアップ内に矢印が追加され、画像間を行き来できます。

また、Colorboxを実行した時のブラウザサイズを取得し、ポップアップのサイズを調整することも可能です。クリックした時のブラウザのサイズに合わせてポップアップを表示させられるということです。

図 ポップアップによる簡易ギャラリー

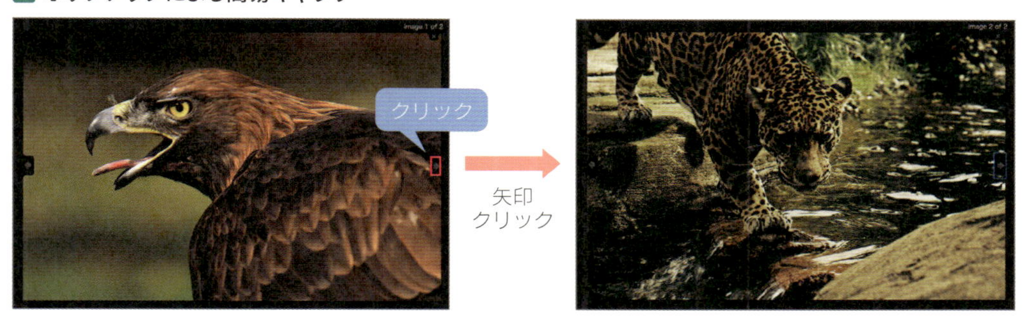

簡易ギャラリーの指定はとても簡単です。ギャラリーとしてまとめたい複数の画像へのリンクの、rel属性に同じ名前を設定すればいいだけです。

HTML　chap9/lesson8/sample/sample9_8_1　index.html

```
019 <section id="section02">
020   <a href="images/popup/img01.jpg" rel="group01">ポップアップボタン3</a>
021   <a href="images/popup/img02.jpg" rel="group01">ポップアップボタン4</a>
022 </section>
```

relに同じ名前を設定

ブラウザサイズに合わせてポップアップのサイズを調整したい場合は、以下のように「maxWidth」で%指定してください。

JavaScript　chap9/lesson8/sample/sample9_8_1/js　index.js

```
001 $(function(){
      ～中略～
007   $("#section02 a").colorbox({
008     maxWidth: "90%"
009   });
```

ブラウザの横幅に対して90%表示を指定

```
    ～中略～
019 });
```

POINT

本書で用意しているサンプルのHTMLにはレイアウト調整のため、直接プラグインとは関係のないHTMLタグも書かれています。ここではColorboxの導入に必要な箇所のみを説明しています。

STEP.4 HTMLやYoutube動画をポップアップ表示

画像だけでなく、HTMLやYoutubeの動画をポップアップで表示させることも可能です。

図 ポップアップにHTMLを表示

図 ポップアップにYoutube動画を表示

HTMLは以下のように、リンク先にそれぞれのURLを指定するだけです。

HTML　chap9/lesson8/sample/sample9_8_1　index.html

```
023 <section id="section03">
024   <a href="modal01.html">ポップアップボタン5</a>
025   <a href="https://www.youtube.com/embed/GOixrCyYEFU">ポップアップボタン6</a>
026 </section>
```

JavaScriptにはHTMLやYoutube動画を表示する際の設定として、「iframe」をtrueにしておきます。こうすることでiframe内にHTMLなどをポップアップ表示することができます。「innerWidth」「innerHeight」で表示サイズも決めておきましょう。

JavaScript　chap9/lesson8/sample/sample9_8_1/js　index.js

```
001 $(function(){
      ～中略～
013   $("#section03 a").colorbox({
014     fixed: true,
015     iframe: true,
016     innerWidth: 800,
017     innerHeight: 600
018   });
019 });
```

HTMLをポップアップでサイズ指定して表示

また、「fixed」をtrueに設定することで、ポップアップの表示位置がスクロール量に影響されないようにすることができます。つまり、こちらを指定した場合はCSSで「position: fixed」を、指定しない場合は「position: absolute」を設定した時の配置方法でポップアップが表示されます。

以上でColorboxを使用したポップアップの説明は終わりです。いかがでしたでしょうか。

Colorboxにはここで紹介した以外にもたくさんの機能があります。公式サイト内の「Settings」にプロパティが掲載されているので、他の機能についてもっと知りたい人は見ておきましょう。

Settings

Property	Default	Description
transition	"elastic"	The transition type. Can be set to "elastic", "fade", or "none".
speed	350	Sets the speed of the fade and elastic transitions, in milliseconds.
href	false	This can be used as an alternative anchor URL or to associate a URL for non-anchor elements such as images or form buttons. `$("h1").colorbox({href:"welcome.html"});`
title	false	This can be used as an anchor title alternative for Colorbox.
rel	false	This can be used as an anchor rel alternative for Colorbox. This allows the user to group any combination of elements together for a gallery, or to override an existing rel so elements are not grouped together. `$("a.gallery").colorbox({rel:"group1"});` Note: The value can also be set to 'nofollow' to disable grouping.
scalePhotos	true	If true, and if maxWidth, maxHeight, innerWidth, innerHeight, width, or height have been defined, Colorbox will scale photos to fit within the those values.
scrolling	true	If false, Colorbox will hide scrollbars for overflowing content. This could be used on conjunction with the resize method (see below) for a smoother transition if you are appending content to an already open instance of Colorbox.
opacity	0.85	The overlay opacity level. Range: 0 to 1.
open	false	If true, Colorbox will immediately open.
returnFocus	true	If true, focus will be returned when Colorbox exits to the element it was launched from.
trapFocus	true	If true, keyboard focus will be limited to Colorbox's navigation and content.
fastIframe	true	If false, the loading graphic removal and onComplete event will be delayed until iframe's content has completely loaded.

Chapter 10

Web API

Web APIはさまざまな企業が自社の既存システムを
手軽に再利用できるよう提供しているものです。
その便利さを体感すると同時にあつかえるようになりましょう。

Lesson 1

Web APIの概要

2018年現在、さまざまなWebサービスが世界にはあふれています。TwitterやFacebook、Googleなど私たちが普段当たり前のように使っているWebサービスは、新しい文化や経験を提供するだけでなく、「Web API」というものも提供しています。

ここからは、そのWeb APIの概要から実装までを学んでいきましょう。

Web APIとは

Web API（ウェブ エーピーアイ）とは「Web Application Programming Interface」の略称で、簡単にいうと「機能を共有する仕組み」のことです。

図 SNSのアカウントでログインできるWebサービスの一例

Sumally

URL https://sumally.com/

例えば上図ですが、Webサイトでよく見る「○○でログインする（スタートする）」というように、それぞれのWebサイトで会員登録せずに、FacebookやTwitterなどのSNSのアカウントでログインできる仕組みがあります。これはSNS各社が提供しているWeb APIを利用して実装されています。

他にも、TwitterやFacebook、GoogleやAmazonなどが、自分たちが構築し使用している既存の機能をWeb APIとして提供しています。

新しいWebサービスを作ろうとする際に、各社が提供しているWeb APIを利用すれば、既にあるシステムを利用できるので開発の時間やコストの削減が可能です。

では、どのような仕組みでWeb APIは利用されているのでしょうか。

WebAPIを利用する仕組みとWebページを表示する仕組みは非常によく似ているので、まずはWebページを表示する仕組みを理解しましょう。

図 Webページを表示する仕組みのイメージ

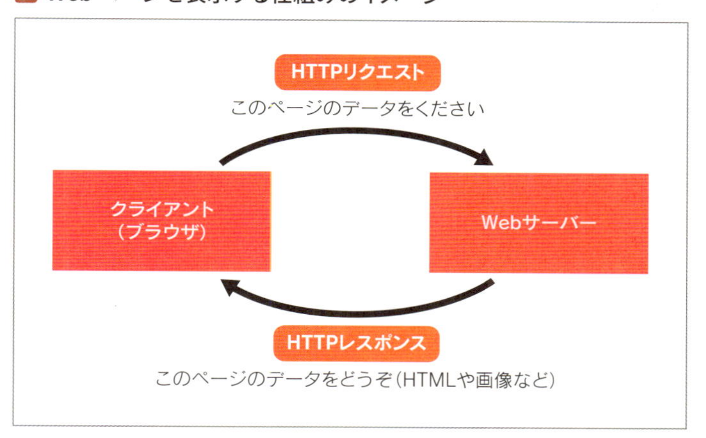

「HTTPリクエスト」とは、クライアント（ブラウザ）が、Webサーバーへ送る要求（リクエスト）です。「HTTPレスポンス」とは、Webサーバーが、クライアント（ブラウザ）へ送る返答（レスポンス）です。

このように、ブラウザとWebサーバーの間で「リクエスト」と「レスポンス」が実行されています。「リクエスト」とはデータを要求すること、「レスポンス」とはデータの返答、と理解してください。

同様にWeb APIでも同じことが起きています。Web APIだからさらに難しいことをしているのでは？ と身構える必要はないので、落ち着いて見てみましょう。

図 Web APIを利用する仕組みのイメージ

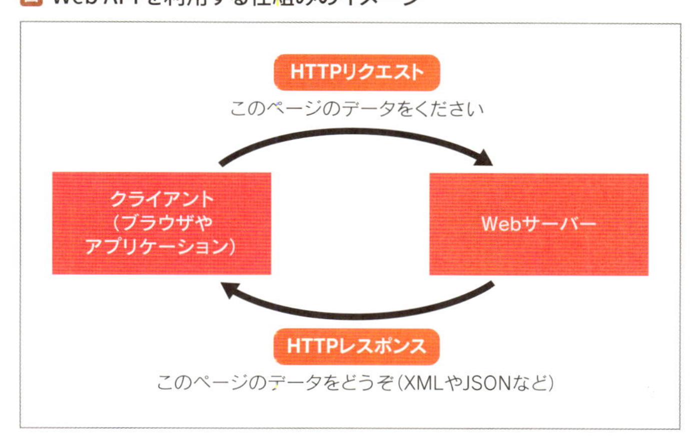

データはJSONやXML形式で、単純なデータだけを返すようになっています。JSONやXMLについてはLesson 2で説明するので、今はそういうデータ形式があるとだけ理解しておきましょう。

Webサイトを表示する場合は、閲覧ユーザーがブラウザなどのクライアントを介してHTTPリクエストを送り、HTTPレスポンスとして、ページ内データを受け取ります。

一方、Web APIでは、PHPなどのプログラムがブラウザなどのクライアントを介して、HTTPリクエストを送り、受け取ったデータを組み込み、ユーザーに表示しています。つまり、実際の処理はWebサーバーでおこなわれているので、Web APIを利用する私たちはデータを「リクエスト」し、「レスポンス」を受け取ればいいだけなのです。

以上のように、大変手軽で多くのユーザーに保証されているサービスなので、ぜひ理解して利用しましょう。

COLUMN

Web APIを使用する際の注意点

このように、大変便利なWeb APIですが注意点もあります。

Web APIは前ページの図のように、データ取得先のWebサーバーにHTTPリクエストを送ります。これはリクエスト先のWebサーバーへ、リクエストをおこなった世界中のクライアントからの負荷が送られてくるということです。**そのため取得先のサーバーの負担を軽減するために、Web APIの中には1日でのリクエスト数が決まっているものもあります。リクエストの制限数も勿論サービスによって異なるので、実装時には確認しておくようにしましょう。**

また、無料で使えるサービスということもあり、**告知なしに仕様が変わったり、配信が終了してしまったりする可能性もあります。**

実装時、運用時も含めて、最新のWeb APIの仕様やドキュメントを確認しておくことも忘れないようにしてください。

Lesson 2

AjaxとJSONの概要

Lesson1ではWeb APIについて学びました。ここではWeb APIを利用する際に、切っても切り離せないAjaxとJSONについて学んでいきましょう。

Ajaxとは

「Ajax（エイジャックス）」は、「Asynchronous JavaScript + XML」の略称です。

Lesson1で学んだように、Web APIを利用するしないに限らず、Webサイトでデータをあつかい表示させる際にはWebサーバーにリクエストを送り処理を実行しており、処理の度にWebサイトをリロードさせる必要がありました。この際、リクエストを送り直すために無駄なデータのやりとりが発生し、必要な箇所のみではなく全体をリロードするので、画面のチラツキなどが発生してしまいます。

この方法を一新させたのが、Ajaxという技術です。AjaxはJavaScriptを使い非同期にDOMを操作したり、データを取得したりすることが可能です。

Ajaxを使ったWebサービスとして一気に有名になったのが「Google Maps」です。皆さんも一度は利用したことがあるかと思います。地図上をドラッグして自分が見ているエリア（ブラウザで開いているエリア）以外のところを表示させようとした時に、Webサイトがリロードされることなく表示されます。これはAjaxが用いられデータが読み込まれているためです。

図 Ajaxを使ったサービスの代表例（Google Maps）

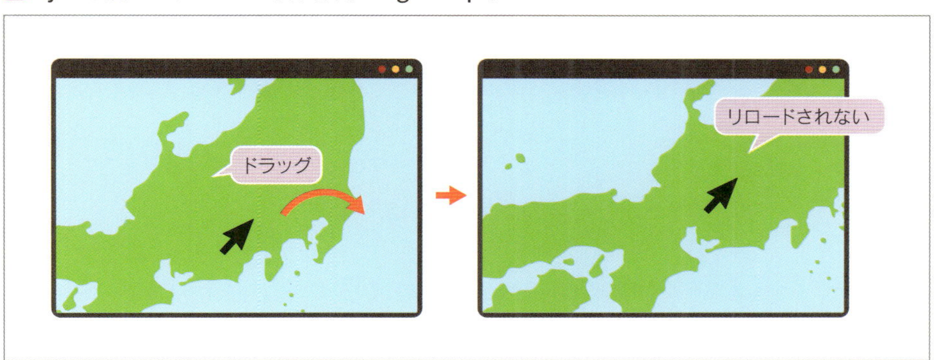

COLUMN

同期・非同期について

Ajaxの説明で使われる**「同期」「非同期」**という言葉ですが、「同期通信」「非同期通信」という意味で使用されるのでそれを前提に説明します。

同期通信だと、サーバーにリクエストを送り、**レスポンスが返ってくるまでブラウザ上で他の作業ができません。**非同期通信では、サーバーにリクエストを送り、**レスポンスが返ってくるまでの間もブラウザ上で他の作業が可能です。**

Ajaxは非同期通信ができるということで有名です。

Google Mapsなどでは、ブラウザに表示されているエリア外を見ようとした時に、タイムラグがあまりなく、地図のデータを確認できます。これはまさに非同期通信がおこなわれているということです。**Webサーバーにブラウザ外の地図データをリクエストし、レスポンスの「描画」「データ取り込み」などを同時におこなっているのです。**

JSONとは

「JSON（ジェイソン）」は、「JavaScript Object Notation」の略称です。

Web APIを使用する際に使うデータ形式の一つで、JavaScriptであつかいやすいように設計されています。

Web APIで使用するデータ形式としては、JSONの他に古くから使われている「XML」もあります。JSONとXMLでは一長一短の部分もありますが、JSONはデータサイズが軽量なのでこちらを使用していきましょう。

COLUMN

JSONPとは

JSONを学んでいくと「JSONP」という単語を目にするようになります。

JSONでは、クロスドメイン（異なるドメイン）のデータをあつかうことができませんが、JSONPでは可能だということが大きな特徴です。ドメインとは、Webサイトの住所のようなものです。

例えば、Twitter社が配布しているWeb APIである「Twitter API」やFacebook社が配布しているWeb API「Facebook API」のユーザーデータを利用して、Webページやアプリを作りたいとします。その際、自分のWebサイトとWeb APIのWebサイトは異なるドメインですが、JSONPを利用すれば異なるドメインであるWeb APIのユーザーデータが利用できます。

Ajax と JSON を使ってプログラムを作る

実際にファイルを記述していきながら、ルールを覚えていきましょう。

このLessonでは、ニュースのデータを持つJSON「news.json」を、Ajaxを使って読み込ませます。作成する前に注意してほしいのですが、今回のプログラムはデータをAjaxで読み込んでいるため、セキュリティの関係上、ローカル環境では動作しません。ファイルをサーバー上にあげられないという方は、フォルダ「sample10_2_2」の「index.html」にデータを読み込んだ後のHTMLを疑似的に作っているので参考にしてください。

それでは、あらかじめ記述しておく基本となるHTMLコードは以下です。フォルダ「practice10_2_1」の「index.html」に書きましょう。

HTML　chap10/lesson2/sample/sample10_2_1　index.html

```
016 <section id="section01">
017   <ul class="news-list"></ul>
018 </section>
```

news.jsonを読み込ませると上記のHTMLが以下のように、ニュースのデータが挿入されているHTMLとなる想定です。

HTML

```
001 <section id="section01">
002   <ul class="news-list">
003     <li>
004       <dl>
005         <dt>2018.01.18</dt>
006         <dd>1件目のデータです</dd>
007       </dl>
008     </li>
009     <li>
010       <dl>
011         <dt>2018.01.23 </dt>
012         <dd><a href="sample.html">2件目のデータです</a></dd>
013       </dl>
014     </li>
015   </ul>
016 </section>
```

1件目のニュースデータ（003〜008）

2件目のニュースデータ（009〜014）

では、前ページのニュースデータを持つJSONを作成しましょう。フォルダ「practice10_2_1」の「news.json」に書きます。

JSONの記述方法はJavaScriptとほぼ同じです。ここでは、オブジェクト「news」にプロパティ「date」と「text」のデータがある状態です。

JSON　chap10/lesson2/sample/sample10_2_1　news.json

```
001 {
002   "news": [
003     {
004       "date": "2018.01.18",
005       "text": "1件目のデータです"
006     },
007     {
008       "date": "2018.01.23",
009       "text": "<a href=\"sample.html\">2件目のデータです<\/a>"
010     }
011   ]
012 }
```

1件目のニュースデータ

2件目のニュースデータ

記述方法はJavaScriptと「ほぼ」同じと述べましたが、違う点は、**プロパティ、値は「"（ダブルクォーテーション）」で囲む**必要があることです。

またそれに応じて、そのダブルクォーテーションの中でさらにダブルクォーテーションがある場合は、エスケープシーケンス（p.27）を使用する必要があります。

上記コードでは、2件目のデータのtextにaタグのURLを記述しています。その中でエスケープシーケンスを使用しているので参考にしましょう。

図 エスケープシーケンスの使用例

```
<a href="https://www.yahoo.co.jp/">リンク</a>
↓
"<a href=\"https:\/\/www.yahoo.co.jp\/\">リンク<\/a>"
```

表 エスケープが必要な文字とその書き方

エスケープが必要な文字	エスケープ表記
"（ダブルクォーテーション）	\"
/（スラッシュ）	\/

それでは、JavaScript側でjQueryを利用してAjaxでJSONを読み込ませます。Ajaxの構文は次のようになります。

構文 Ajax

```
$.ajax({
    url: "JSONファイルのパス",
    datatype:"json",
    その他の設定
})
.done(function (data) {
    データの取得成功時の処理
)}
.fail(function () {
    データの取得失敗時の処理
)};
```

「$.ajax」の中には、データの送受信に関する設定を記述します。データ取得以降の処理については、「.done」に記述し、データ取得に失敗した場合の処理については「.fail」に記述していきます。

以上を踏まえてJSONファイルからデータの読み込みを実行させるコードをフォルダ「practice10_2_1」の「js」フォルダにある「index.js」に書いてみましょう。jQueryのコードを記述する「$(function(){});」に書いていきます。

JavaScript　chap10/lesson2/sample/sample10_2_1/js　index.js

```
001 $(function(){
002   $.ajax({
003     url: "news.json",   ← ニュースデータのあるJSONを読み込む
004     dataType: "json",
005   })
```

「url」と「dataType」については構文を基に上記のように書いてください。

前ページのコードに続いて、データ取得に成功した時の処理を書きましょう。今回は取得したニュースをリスト化してHTMLに表示させればいいので、以下のコードとなります。

JavaScript　chap10/lesson2/sample/sample10_2_1/js　index.js

```
007 // 引数に取得したデータがdataに格納されている
008 .done(function(data){
009   // データ分だけ処理を行う
010   $.each(data.news, function(key, value) {
011     // ニュースエリアにjsonから取得したdateとtextをタグ出力
012     $("#section01 .news-list").append('<li><dl><dt>' + value.date + '</dt><dd>' + value.text + '</dd></dl></li>');
013   });
014 });
```

少々複雑そうに見えますがおこなっていることはJavaScriptで配列をリスト化する場合と同じなのでゆっくり見て理解していきましょう。

さきほど取得したニュースデータがfunctionの引数として変数「data」に格納されています。この「data」を使用してニュースの情報を抜き出していきます。

「$.each」はjQueryで使用できるeach()メソッドで、for文などと同じように繰り返し処理をおこなうメソッドです。ここではニュースデータの「data」の数ぶん繰り返しをおこない、JSONで記述した「date」と「text」の値を用いてHTMLタグを作成しています。

これで完成です。「index.html」をブラウザで表示すると、以下のような画面が表示されます。

難しそうな単語が次々と出てくるのでとっつきにくさを感じるかもしれませんが、内容は複雑ではないので、ゆっくり理解していけば大丈夫です。焦らずじっくりと読んでいってください。

Lesson 3

まとめ

【実習】Google Mapsを設置する

では、ここからは実際にWeb APIを利用してみましょう。

今回利用するWeb APIはGoogle社が提供している「Google Maps API」です。レストランや遊園地などのWebサイトのアクセスマップや、コーポレートサイト（企業サイト）など所在地を示す地図などで頻用されているWeb APIです。

図 Google Maps

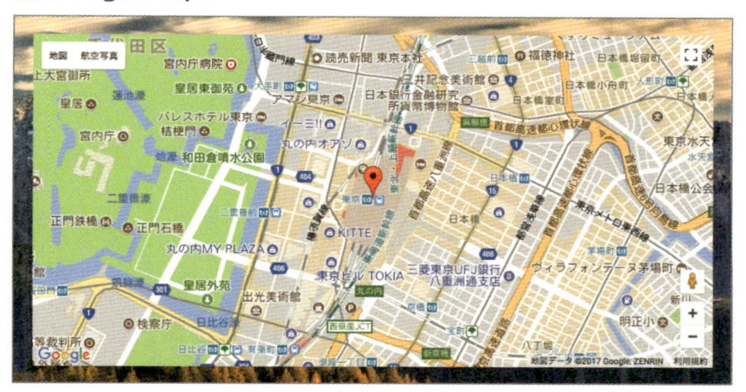

今回作成する地図は以下の仕様とします。この仕様を実現するよう作成していきましょう。

- 東京駅を中心にマップを表示する
- マップの色味をデフォルトから変更する

STEP.1 Google Maps APIのkeyを取得する

まずは、Google Maps APIを利用するためのkeyを取得します。

keyを取得せずに地図を表示しているWebサイトもありますが、これらは古いバージョンでの実装方法です。**最新バージョンではkeyの発行は必須になっているので、忘れないように取得しましょう。**

Google Maps APIは基本的に無料のAPIですが、一定量のアクセスを超えると有料になります。その判断のためにも、API keyは必須となっています。

なお、以下の手順をおこなう前にGoogleアカウントの取得とログインが必要なのでおこなっておいてください。

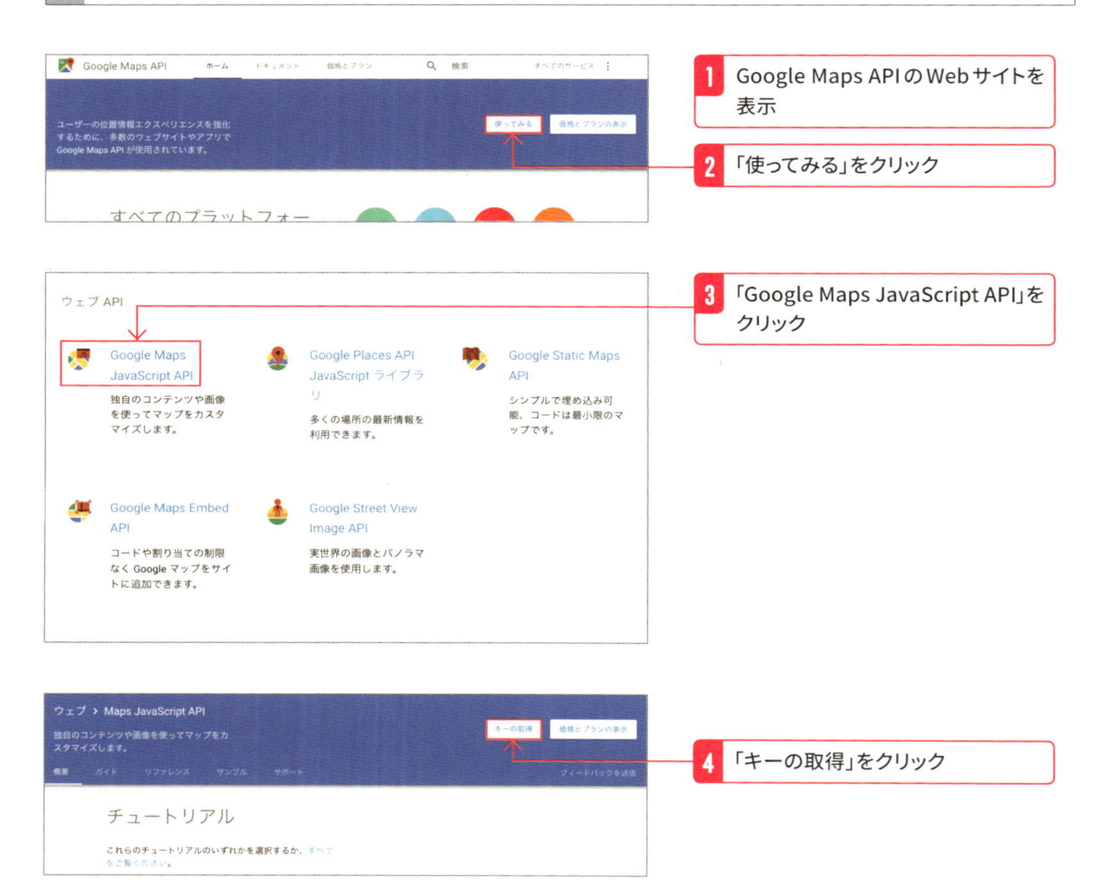

POINT

Google Maps APIのkey取得時、本書で記載している画面以外が表示されたり、内容が異なる場合があります。その場合は、画面に従って操作していきましょう。

※現在（2019年2月時点）では、APIキーの発行を行うために別途請求先アカウントの登録が必須となりました。（APIキーの利用量が無償枠を超えた際の）請求先アカウントが登録されていない場合はAPIキー発行前にアカウント登録画面が表示されますので、まずはこちらの登録をしましょう。

POINT

コピーした文字列は一時的に保管しておいてください。

STEP.2 有効化されているAPIを確認する

STEP1に引き続いて操作していきましょう。

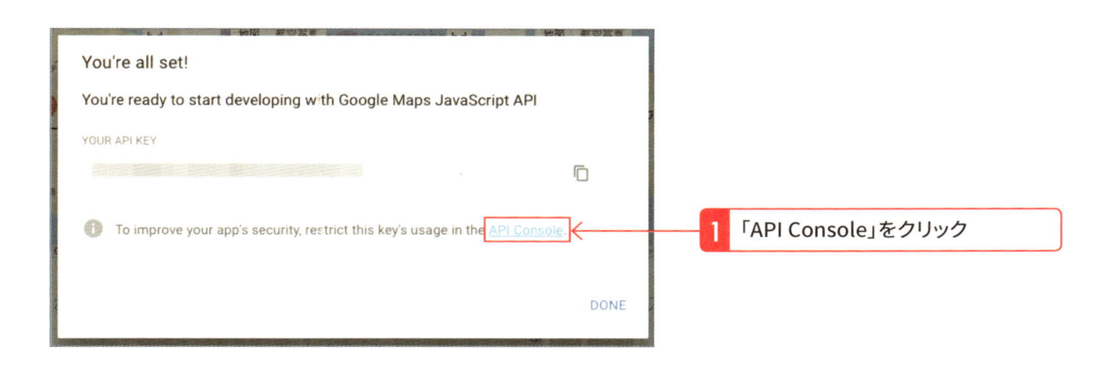

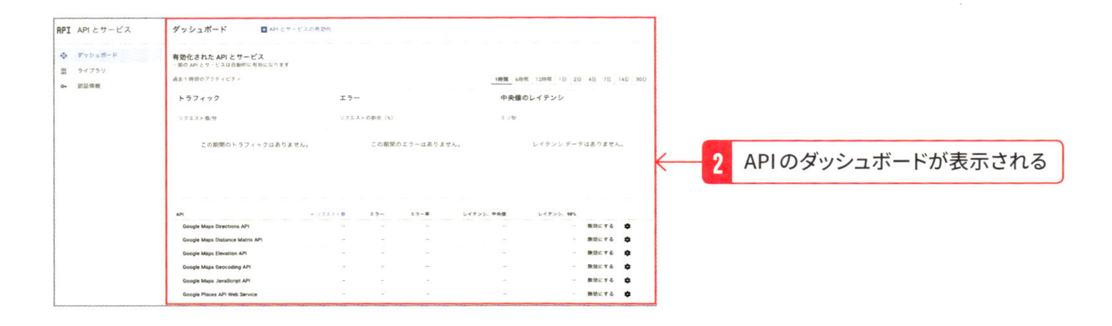

ダッシュボード下部を確認すると、以下のように自動で有効化されたAPIが表示されています。

API	リクエスト数	エラー	エラー率	レイテンシ、中央値	レイテンシ、98%		
Google Maps Directions API	–	–	–	–	–	無効にする	
Google Maps Distance Matrix API	–	–	–	–	–	無効にする	
Google Maps Elevation API	–	–	–	–	–	無効にする	
Google Maps Geocoding API	–	–	–	–	–	無効にする	
Google Maps JavaScript API	–	–	–	–	–	無効にする	
Google Places API Web Service	–	–	–	–	–	無効にする	

それぞれのAPIを簡潔に説明しているのが下の表です。

表 Google Maps APIで提供されているAPIの例

API名	説明
Google Maps Directions API	複数の地点間の道順を計算する
Google Maps Distance Matrix API	複数の目的地への移動時間と距離を見積もる
Google Maps Elevation API	世界のあらゆる地点の標高データを取得
Google Maps Geocoding API	住所と地理的座標を変換
Google Maps JavaScript API	JavaScriptでGoogle Mapsを使うのに必須
Google Places API Web Service	場所の最新情報を追加するなどおこなう

もし上記のAPIが有効化されていない場合、ダッシュボードヘッダーにある「APIとサービスの有効化」をクリックし、検索をおこなって各APIを有効化できます。

STEP.3 API keyを設定する

keyを取得しただけではまだAPIは使えません。地図を表示させたいHTMLファイルにAPI keyを記述しましょう。フォルダ「practice10_3_1」の「index.html」に書きます。

scriptタグに下記コードを記述してください。「取得したkey」には、STEP1でコピーしておいたkeyをペーストしましょう。

HTML　chap10/lesson3/sample/sample10_3_1　index.html

```
020 <script src="https://maps.googleapis.com/maps/api/js?key=取得したkey"></
    script>
```

ここまでが、APIを使うまでの準備です。次からは地図を表示させるためにコードを編集していきましょう。

STEP.4 HTMLを記述する

APIで取得したデータを元に、主にJavaScriptで記述していくので、HTMLで記述する内容はあまりありません。地図を表示させるための場所と、使用するjQuery、Google Maps API、JavaScriptファイルを読み込むよう記述するだけです。

一点注意しておかなければならないのが、読み込む順番です。jQueryとGoogle Map APIを読み込んだ後に、自分が記述していくJavaScriptファイルを読み込むように書きましょう。

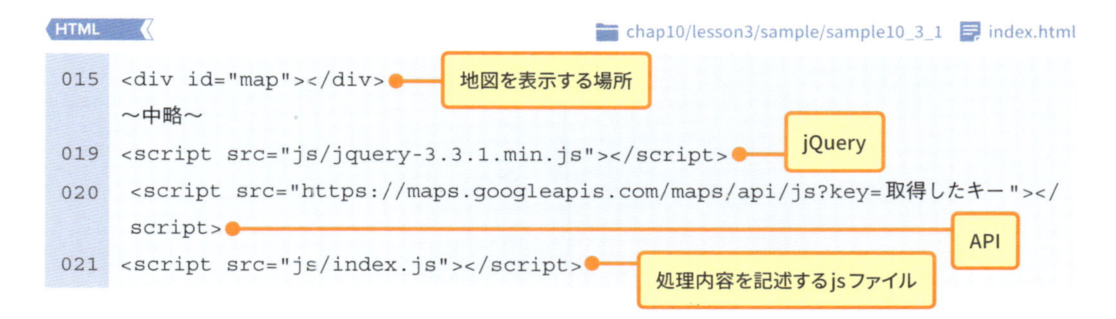

STEP.5 CSSを記述する

マップを表示させるエリアにはCSSで横幅と高さを指定します。サンプルファイルに既に記述しているので作業は不要です。

CSS

```
001 #map {
002   width: 800px;
003   height: 400px;
004 }
```

横幅　高さ

STEP.6 JavaScriptを記述する

いよいよ処理内容をJavaScriptで記述していきますが、その前に地図の中心となる場所の緯度と経度の情報を取得しておきましょう。今回は東京駅を中心にした地図を表示したいので、Google Mapsで東京駅を表示してください。

図 表示したい地図のイメージ

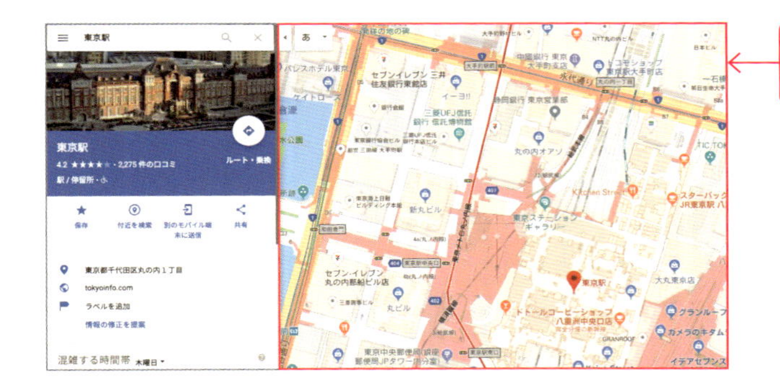

1 Google Mapsで表示させたい場所を表示

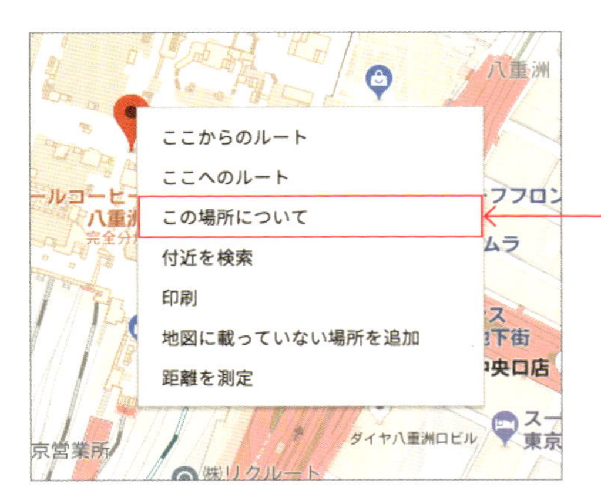

2 表示させたい場所を右クリックし、「この場所について」をクリック

また、地図の拡大率である「zoom」の値をいくつにするかも確認しておきましょう。Google Mapsを拡大・縮小させて、Webサイトのマップに表示させるのに最適な拡大率を見つけましょう。最適な拡大率を見つけたら、ブラウザに表示されているURLを確認してください。その中の「○○z」と書いてある部分が「zoom」の値なので、JavaScriptの記述ではこれを利用しましょう。

図 Google Mapsの拡大率

/place/東京駅/@35.6766878,139.7643184,15.92z/data=!4m

JavaScript　chap10/lesson3/sample/sample10_3_1/js　index.js

```
001 $(function(){
002   function initMap() {
      ～中略～
108     var pos = {lat: 35.681763, lng: 139.767020};   ← 緯度(lat)と経度(lng)
109     var opts = {
110       zoom: 15,   ← 拡大率
          ～中略～
112       center: new google.maps.LatLng(pos)   ← 中心地
113     };
114     // APIで準備されているgoogle.maps.Mapクラスを使用して地図の表示領域を設定
115     var map = new google.maps.Map(document.getElementById("map"), opts);   ← id=mapのHTML要素に地図を表示
        ～中略～
120   }
121   initMap();   ← initMap()関数を実行
122 });
```

上記コードをフォルダ「practice10_3_1」の「js」フォルダにある「index.js」に書きましょう。

新しい単語が出てきてややこしそうですが、上記の通りに値を設定すれば難しくありません。Google Maps APIが独自に持つクラスがおこなっていることも単純です。「google.maps.LatLng」クラスは座標を設定するために利用し、「google.maps.Map」クラスは地図を表示させたい場所であるHTML要素と緯度や経度、拡大率などの地図情報を引数に、地図を表示するために利用します。

STEP.7 地図にアイコンを表示させる

STEP6で地図を表示させることはできますが、例えばコーポレートサイトであれば会社の位置をわかりやすく指し示す必要があります。地図の中心地に以下のようなマーカーを表示させましょう。

図 地図の中心地にマーカーを表示

STEP6で書いたコードに追記していきます。マーカーを表示させるにはGoogle Maps API独自のクラス「google.maps.Marker」を使います。クラス「google.maps.Marker」のプロパティ「position」「map」に、マーカーを表示したい場所の緯度と経度の情報と地図の情報を設定しましょう。

コードは以下のようになります。

JavaScript　chap10/lesson3/sample/sample10_3_1/js　index.js

```
001 $(function(){
002   function initMap() {
        ～中略～
115     var map = new google.maps.Map(document.getElementById("map"), opts);
116     var marker = new google.maps.Marker({
117       position: pos,
118       map: map
119     });
120   }
121   initMap();
122 });
```

緯度と経度の情報を設定

地図の情報を設定

STEP.8 Google Mapsの色味を変える

Google Mapsは色味や要素などの設定を変更することができます。

本書では色味の設定を変更する方法を紹介します。各Webサイトのイメージの色に合わせることもできて、ちょっとだけリッチに見せられるので興味のある人は確認しておきましょう。

詳しい内容は公式のリファレンスに記述されています。

Google Mapsのスタイルリファレンス	https://developers.google.com/maps/documentation/javascript/style-reference

図 Google Mapsのスタイルリファレンスページ

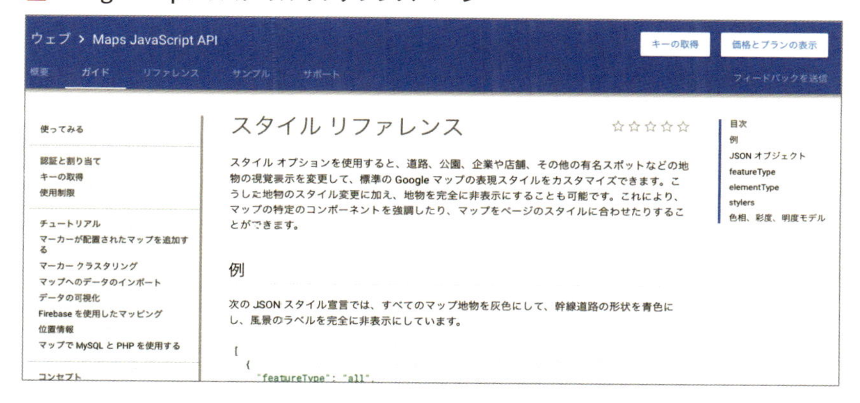

上記のように一から値を設定するのではなく、見た目からわかりやすく変更できるWebサービスもあります。検索エンジンでキーワード「googlemap 色 変更」を指定すれば探せられるので、気に入ったサービスを使用し、出力された値をJavaScriptファイルにコピーペーストするだけで変更できます。

下記コードは地図の見た目を変更した例です。

JavaScript

```
001 $(function(){
002   function initMap() {
003     var styles = [
004       {
005         stylers: [
006           { hue: "#004cff" },
007           { saturation: 30 }
008         ]
```

色や要素の情報を設定（003〜008行目）

```
009           },
010           {
011             "featureType": "water",
012             "elementType": "geometry",
013             "stylers": [
014               { "color": "#eaedfc" },
015               { "lightness": -10 }
016             ]
017           }
018         ];
019         ～中略～
020         var opts = {
021           zoom: 15,
022           styles,
023           center: new Google.maps.LatLng(pos)
024         };
025         ～中略～
026     });
```

色や要素の情報を設定

上記で設定した情報を地図に設定

フォルダ「sample10_3_1」の「index.js」にはさまざまな指定をしているので参考にしてください。設定したものをブラウザで表示すると、APIを利用し、カスタマイズされたGoogleMapが表示されます。

Web APIと聞くと、なんだか難しそうなイメージで敬遠されがちですが、このように今までに学んだ技術で簡単に利用できます。

また、Google Maps APIだけではなくさまざまな種類のWeb APIも公開されています。有料のものもありますが、無料のものも沢山あるので探してみましょう。

表 Web APIの例

名前	説明
Twitter API	Twitter社が提供しているAPI。ツイートやハッシュタグなどを取得できる。
Facebook API	Facebook社が提供しているAPI。写真や投稿情報などを取得できる。

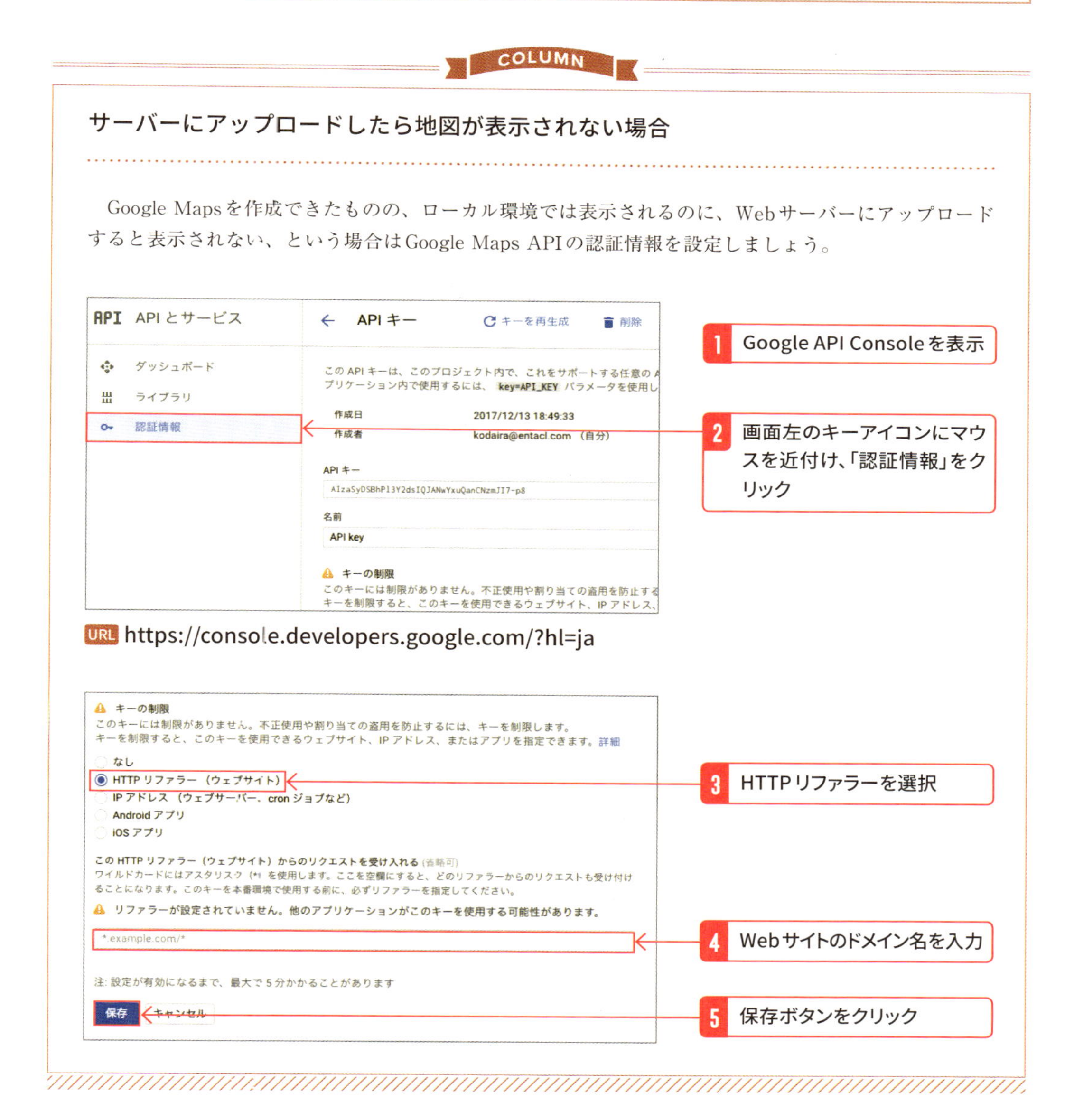

COLUMN

サーバーにアップロードしたら地図が表示されない場合

Google Mapsを作成できたものの、ローカル環境では表示されるのに、Webサーバーにアップロードすると表示されない、という場合はGoogle Maps APIの認証情報を設定しましょう。

Chapter 11

複数の機能を1つのWebサイトにまとめる

これまでにJavaScriptで多くの機能を作成してきました。
では、それらを1つのWebサイトに組み込む時、
なにに気を付ければいいのか、最後に確認しましょう。

Lesson 1

JavaScriptで作成した機能を基にWebサイトを作る

1つのWebサイト（ページ）に機能をまとめる際の考え方

図 Webサイトの完成図

今までさまざまなJavaScriptの機能を学んできましたが、それらは実際には1つのWebサイトだったり、アプリケーションだったりと、まとめて使われることがほとんどです。

ですが1つのプログラムとしてそれらをまとめる際、コードをそのまま使ってしまうと、パーツ毎では短かったコードも長くなってしまいます。そこで活かされるのが『Chapter2 JavaScriptの基本』で学んだ「コメント」(p.19) や、「変数の名前の付け方のルール」(p.22) です。

コードとしての読みやすさとともに、1つのWebサイトを作成することを学んでいきましょう。

今までに作成してきた機能を1つのWebサイトにまとめて、実際にどのように配置していくのかを学んでいきましょう。下記に今回使う機能を挙げています。

- Chapter8　スライドショー
- Chapter9　ハンバーガーメニュー
  jQueryプラグイン「textillate.js」
  jQueryプラグイン「Colorbox」
- Chapter10　Google Maps APIを使った地図の読み込み

テーマ「東京」のWebサイトを作る

Webサイトを作るので、テーマを決めて構成を考えましょう。そこに今まで学んだ機能を組み合わせて作成していきます。今回は「東京」をテーマにします。以下が作成するWebサイトのイメージです。縦に長い1ページにコンテンツがおさまったWebサイトになります。

図 作成するWebサイトの機能とタイトル

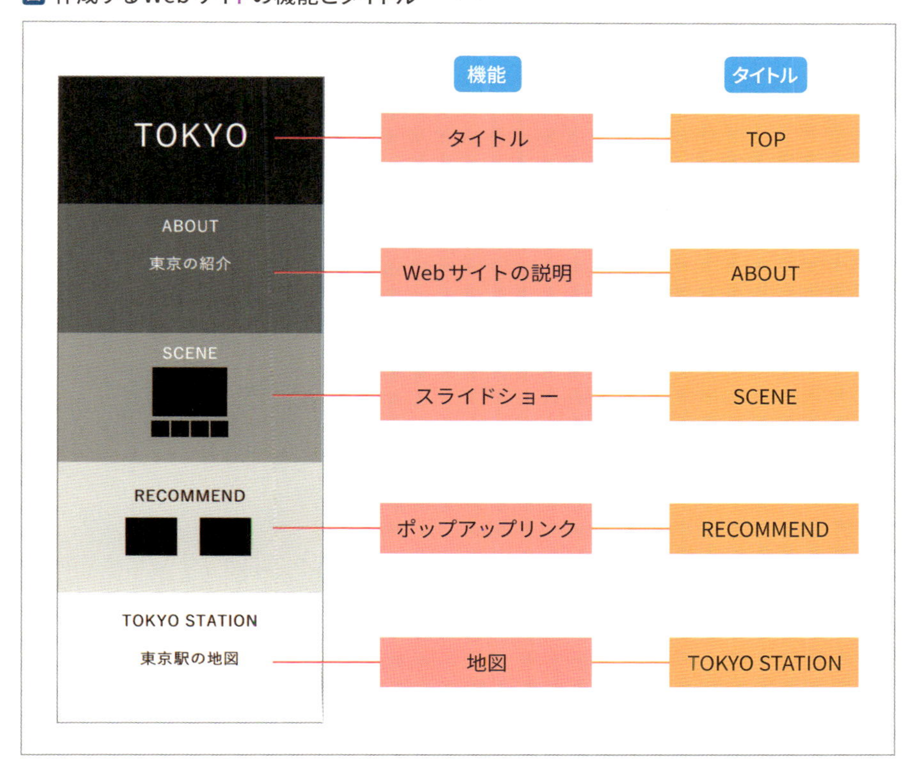

しっかりとコンテンツがそろったWebサイトになりそうですよね？ また、ただ1つにまとめるだけではつまらないので、最後にWebサイトをリッチに見せられるものを追加したいと思います。

では、実際に作っていきましょう。まずはHTMLを記述していきます。今まで記述してきたことをまとめて記述するという考えで大丈夫です。本書を読み終わった後は独自のJavaScriptを記述していくことになるかと思いますが、そういう時も**まずは「HTMLを準備」してから考えていきましょう。**

サンプルファイルのフォルダ「practice11_1_1」を開き、「index.html」にHTMLを記述していきます。今回は既に作成した機能を利用するので、HTMLもJavaScriptも基本的にはそのままのコードを適切な位置にコピーアンドペーストしていきます。また、各機能で使用しているjQueryファイルも忘れずにフォルダ「js」にコピーしておきましょう。

STEP.1 ハンバーガーメニュー用のHTML作成

はじめに、ハンバーガーメニュー用のHTMLを作成します。

他の機能と区別しやすいように、HTML要素のdivタグで囲み、クラス名「gnavi」を付けます。このようにHTML要素を使って囲うと他の機能と区別しやすくなるのでコツとして覚えておきましょう。21〜27行目はChapter9と内容が異なるので「sample」フォルダを見て書きましょう。

HTML　chap11/lesson1/sample/sample11_1_1　index.html

```
014 <div class="gnavi">
015   <p class="btn-gnavi">
        〜中略〜
019   </p>
020   <nav class="global-nabi">
        〜中略〜
028   </nav>
029 </div>
```

全体を囲むdivを追加

STEP.2 ハンバーガーメニュー用のJavaScript作成

フォルダ「practice11_1_1」の「js」フォルダの「index.js」に書きます。Chapter9（p.157）で作成したコードから変更する部分はありませんが、1行目に機能の説明をコメントで書いておきましょう。複数の機能があるWebサイトを作成する時はこのようにコメントを入れておくと見返した際にわかりやすいです。

JavaScript　chap11/lesson1/sample/sample11_1_1/js　index.js

```
003 // グローバルナビゲーション
004 $(".btn-gnavi").on("click", function(){
      〜中略〜
016 });
```

機能の説明コメント追加

STEP.3 CSSについて

CSSは今回のWebサイトに合ったデザインにするために少し設定を変えたものをフォルダ「practice11_1_1」の「css」フォルダの「layout.css」に書いています。そのまま利用しましょう。

一旦ここまでの状態のHTMLをブラウザで表示してみましょう。次ページの画像のように、真っ白な画面の右上にハンバーガーメニューだけ表示されている状態になっているでしょうか。また、ハンバーガーメニューをクリックすると右側からメニューが開かれることを確認してください。

図 ハンバーガーメニューの動作のイメージ

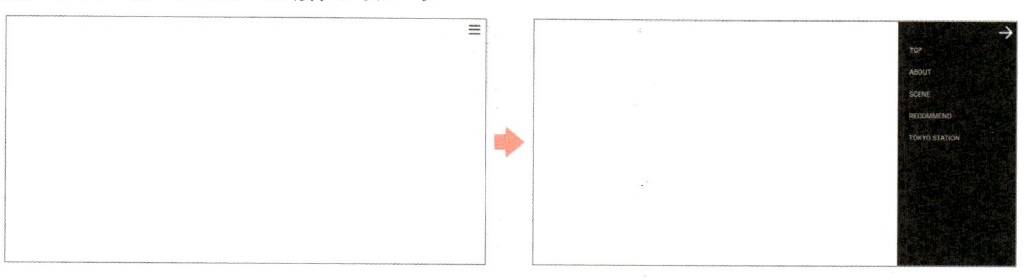

もし、ハンバーガーメニューが表示されない、メニューが開かない、という場合には、HTML、JavaScript、jQuery、CSSのファイルがすべて作業用のフォルダに入っているか、参照パスは正しく記述されているかを確認してください。

STEP.4 コンテンツエリア用のHTML作成

コンテンツエリアとは、Webサイトの内容（コンテンツ）を表示する場所です。ここでは、タイトルから東京駅の地図の表示まで、計5つのコンテンツすべてのことを指します。こちらをHTMLに書いておきましょう。

まずはコンテンツ全体をHTML要素のdivタグで囲み、クラス名「contents」を付けます。さらに、5つのコンテンツをそれぞれsectionタグで囲み、id名「section01」〜「section05」で囲んでおきましょう。加えて各コンテンツがどういった内容なのかすぐにわかるよう、タイトルを見出しとして入れておきます。

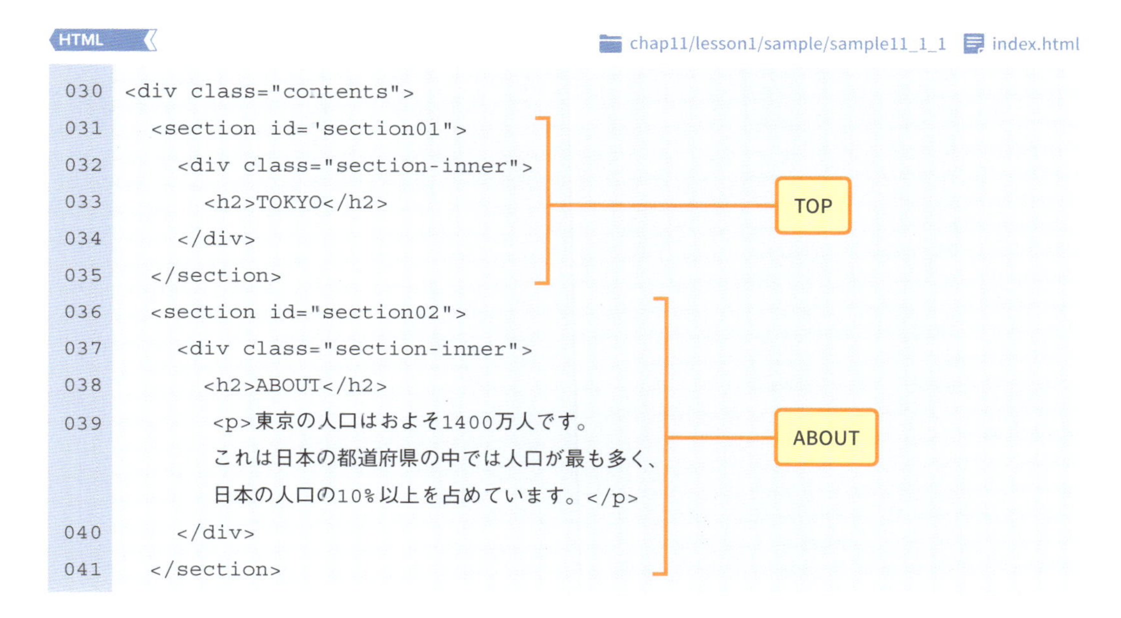

HTML　chap11/lesson1/sample/sample11_1_1　index.html

```
030 <div class="contents">
031   <section id='section01">
032     <div class="section-inner">
033       <h2>TOKYO</h2>
034     </div>
035   </section>
036   <section id="section02">
037     <div class="section-inner">
038       <h2>ABOUT</h2>
039       <p>東京の人口はおよそ1400万人です。
          これは日本の都道府県の中では人口が最も多く、
          日本の人口の10%以上を占めています。</p>
040     </div>
041   </section>
```

```
042   <section id="section03">
043     <div class="section-inner">
044       <h2>SCENE</h2>
          ～中略～
051     </div>
052   </section>
053   <section id="section04">
054     <div class="section-inner">
055       <h2>RECOMMEND</h2>
          ～中略～
060     </div>
061   </section>
062   <section id="section05">
063     <div class="section-inner">
064       <h2>TOKYO STATION</h2>
          ～中略～
066     </div>
067   </section>
068 </div>
```

SCENE

RECOMMEND

TOKYO STATION

サンプルファイルに用意されたCSSを利用すると以下のようなデザインの画面が表示されますが、いずれにせよまだ内容はほとんどありません。ですが、各機能を作成する前準備は整いました。

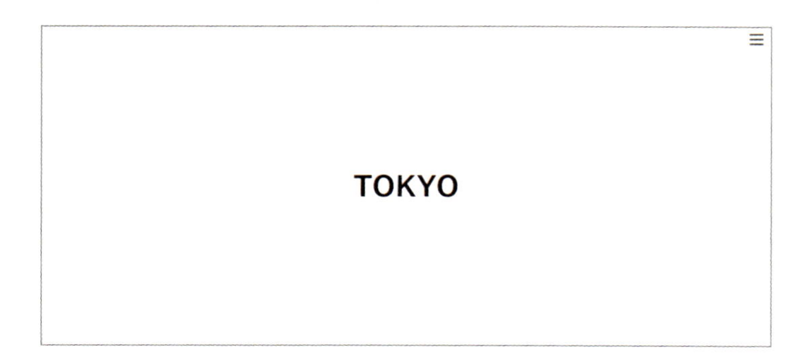

STEP.5 スライドショーエリア用のHTML作成

3つ目のエリアであるid名「section3」にスライドショーを入れて、東京の景色を紹介します。『Chapter8スライドショーの作成』（p.127）で学んだスライドショーのHTMLの一部を追加しましょう。

HTML　chap11/lesson1/practice/practice11_1_1　index.html

```html
042 <section id="section03">
043   <div class="section-inner">
044     <h2>SCENE</h2>
045     <div class="slider">
046       <ul class="slider-inner"></ul>
047       <ul class="nav"></ul>
048       <p id="arrow-prev" class="arrow">←</p>
049       <p id="arrow-next" class="arrow">→</p>
050     </div>
051   </div>
052 </section>
```

スライドショー追加

STEP.6 スライドショーエリア用のJavaScript作成

ハンバーガーメニューに続いて、スライドショー用のJavaScriptを追記していきます。ここもChapter8（p.138）で作成したコードをほぼそのまま使用します。

STEP2と同様に、1行目にコメントで機能の名前を追記しておいてください。それから、スライドショーに表示したい画像を用意して、配列に書いている画像の参照パスを変更しましょう。

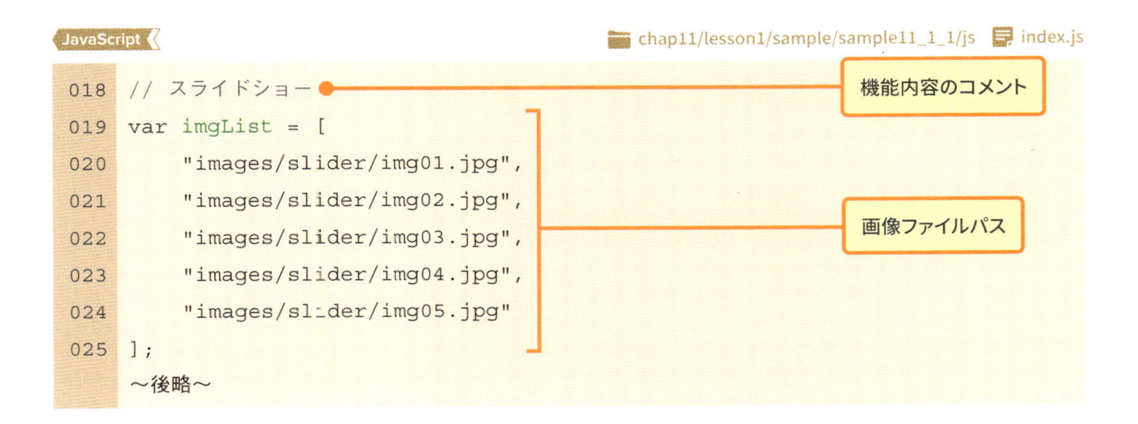
JavaScript　chap11/lesson1/sample/sample11_1_1/js　index.js

```javascript
018 // スライドショー
019 var imgList = [
020     "images/slider/img01.jpg",
021     "images/slider/img02.jpg",
022     "images/slider/img03.jpg",
023     "images/slider/img04.jpg",
024     "images/slider/img05.jpg"
025 ];
    ～後略～
```


ここまでの状態をブラウザで見てみると次ページの画像のように表示されます。

正しく表示されない場合は、引用したコードに漏れがないか、参照パスは正しいか、ファイルはすべて作業フォルダに移動できているか確認してください。

また、**JavaScriptファイル内での変数名や関数名の重複や有効範囲に気を付けましょう。**今回はそのような問題は発生しませんでしたが、既に作成している複数のプログラムを1つにまとめる場合は必ずチェックするように心がけましょう。

STEP.7 ポップアップリンクエリア用のHTML作成

東京のオススメを紹介する画像と動画を大きくポップアップで表示させたいと思います。Chapter9と同じくjQueryプラグイン「Colorbox」を使いましょう。

ここでは、リストの中に画像を表示して、その画像をクリックするとポップアップで画像や動画が表示されるように編集します。Chapter9の『Lesson8　jQueryプラグインで実践』（p.172）を見ながら復習もかねて書いていきましょう。

ポップアップ表示が可能になる「`colorbox()`メソッド」を実行させる対象として要素の指定をする必要があるので、ポップアップ表示させたい画像と動画のリンクにクラス名を付けましょう。

リストの中に画像を表示して、各画像にそれぞれ画像と動画のリンクを設定し、さらにリンクにクラス名「popup」を設定したコードは次の通りです。

HTML　chap11/lesson1/sample/sample11_1_1　index.html

```
053 <section id="section04">
054   <div class="section-inner">
055     <h2>RECOMMEND</h2>
056     <ul>
057       <li><a class="popup" href="http://www.youtube.com/embed/Dk2Knub75
MQ?rel=0&amp;wmode=transparent"><img src="images/recommend/img01.
jpg"></a></li>
058       <li><a class="popup" href="images/recommend/img02_L.jpg"><img
src="images/recommend/img02.jpg"></a></li>
059     </ul>
060   </div>
061 </section>
```

STEP.8 ポップアップリンクエリア用のJavaScript作成

「colorbox()メソッド」の呼び出し内容を記述します。要素の指定と、ポップアップのサイズなどの設定についても書いてください。忘れてしまった場合はp.177を参考に書きましょう。

1行目に機能についてのコメントも記述しておきましょう。

上記を反映させたコードが以下になります。

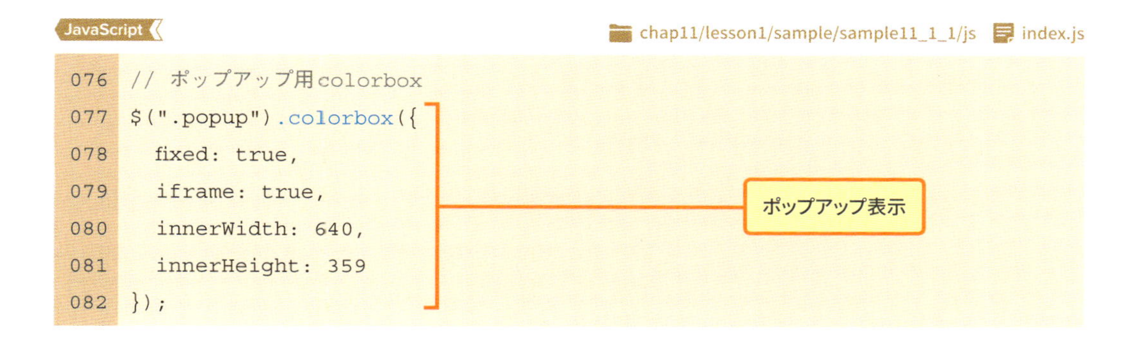

以上の記述を終えたら、ブラウザでHTMLを開き、表示と動作を確認しましょう。次ページのように指定した画像が表示されているでしょうか。

ポップアップ表示

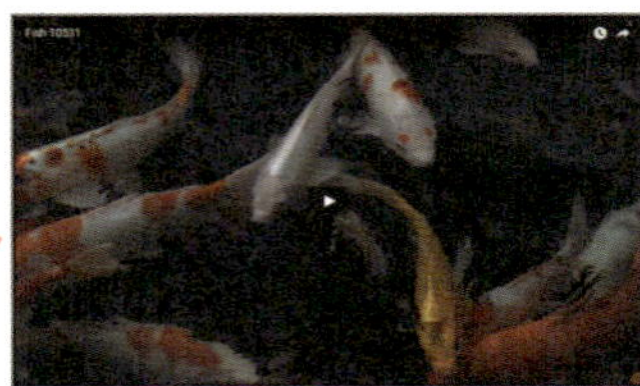

RECOMMEND

クリック

クリック

ポップアップ表示

画像をクリックしたら、指定した画像または動画がポップアップ表示されることを確認してください。

これまで、1つの機能を作成し終えたら都度ブラウザで表示と動作を確認してきましたが、この確認作業はとても大切です。すべての機能を実装してから確認してしまうと、画面や画像が正しく表示されなかったり、動作が実行されなかったりということが発生した場合に、どのコードが問題なのか調査するのがとても大変です。

面倒かもしれませんが、1つずつ確認して少しずつ実装していく方が、手戻りも少なく最終的に大変楽です。

STEP.9 地図エリア用のHTML作成

最後のエリアには、東京駅を中心地としたGoogle Mapsを表示しましょう。既に学習したChapter10の『Lesson3　まとめ』（p.193）と同じく、HTML要素のdivタグを記述し、id名「map」を付けてください。

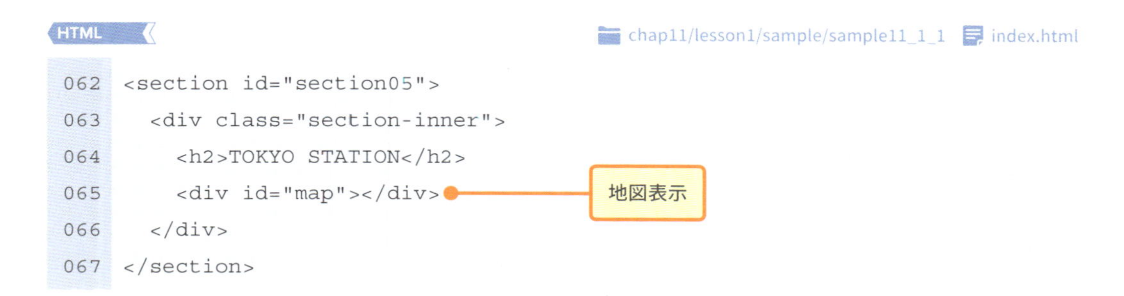

HTML　chap11/lesson1/sample/sample11_1_1　index.html

```
062 <section id="section05">
063   <div class="section-inner">
064     <h2>TOKYO STATION</h2>
065     <div id="map"></div>
066   </div>
067 </section>
```

STEP.10 地図エリア用のJavaScript作成

JavaScriptには地図の表示とカスタマイズの実行内容を記述します。Chapter10の『Lesson3　まとめ』（p.197）でWebサービスを使ったカスタマイズ方法も説明しているので参考にして書いていってください。

今回は以下のようなコードになります。

JavaScript　chap11/lesson1/sample/sample11_1_1/js　index.js

```
085 // 地図の初期化処理
086 function initMap() {
087   // マップの色情報を設定
088   var styles = [
        ～中略～
190   ];
191   // 位置情報
192   var pos = {lat: 35.681167, lng: 139.767052};
193 
194   // 地図の設定（zoom, centerは必須です）
195   var opts = {
        ～中略～
199   };
200 
201   // APIのマップオブジェクトを使って対象の要素にマップを表示させる
202   var map = new google.maps.Map(document.getElementById("map"), opts);
203 
204   // マップの中心にマーカーを表示させる
205   var marker = new google.maps.Marker({
206     position: pos,
207     map: map
208   });
209 }
210 
211 // 地図の初期化処理を実行
212 initMap();
```

では、HTMLをブラウザで表示して確認してみましょう。以下のように地図が表示されているでしょうか。

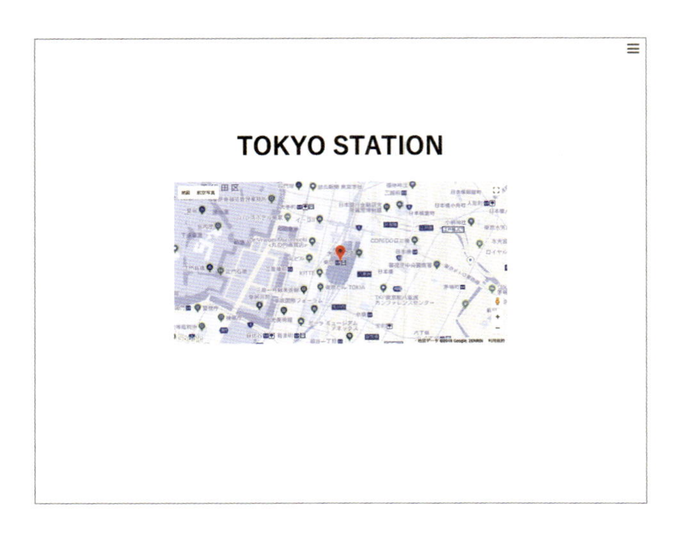

これで1つのWebサイトに5つの機能をまとめることができました、おつかれさまです！

ここまでいかがだったでしょうか？

今まで学んだことを繰り返して説明しているので、うまく表示できない場合は本書を読み返してみてください。

複数の機能をまとめる際に注意しておくべき5つの項目

複数の機能を1つのWebサイトにまとめる時は、下記の項目について注意しながら調整していきましょう。

- 名前の付け方（変数名や関数名など）
- 変数の有効範囲（ローカル変数とグローバル変数）
- 変更が必要となった際、少ない修正で済む構成
- 細かく関数で処理を切り分け、随所で使い回せる構成
- 各イベントの発生タイミングや処理がおこなわれる順番

Lesson 2 Webサイトに大きなアクセントを入れる方法

背景に動画を流す

Lesson1で作成したWebサイトをブラウザでもう一度見てみます。

TOKYO

機能はしっかり入れられましたが、デザインがシンプルすぎて魅力が伝わりづらいサイトになってしまっていますね。そこでjQueryプラグインを使って、簡単に魅力を訴求できる動きを入れます。今の状態だと背景が真っ白なので、動画を流しましょう。

jQueryプラグインの「BIGVIDEO.JS」を使ってブラウザ全体に動画を表示します。

STEP.1 必要なファイルのダウンロード

まずは「BIGVIDEO.JS」が配布されているWebサイトでプラグインを入手します。今回はサンプルファイルに用意してあるので操作の仕方だけ学びましょう。

BIGVIDEO.JS | https://dfcb.github.io/BigVideo.js/

1 BIGVIDEO.JSのWebサイトを表示

BIGVIDEO.JSのWebサイトからダウンロードしたファイルだけでは実行できません。実行する際に必要な他のファイルは以下の通りです。

- jQuery UI　https://jqueryui.com/ (jquery-ui.min.js)
- imagesLoaded　https://imagesloaded.desandro.com/ (jquery.imagesloaded.min.js)
- video.js　http://vjs.zencdn.net/c/video.js (http://vis.zencdn.net/c/video.jsを読み込み)

本書で用意しているサンプルファイルには上記のファイルが入っており、読み込みも指定しているので必要な作業はありません。ただし、バージョンが更新されている場合は使用できない可能性もあるので注意してください。

STEP.2 JavaScriptにコードを記述する

「BIGVIDEO.JS」は基本的にはHTMLの準備は必要ありません。JavaScriptに短いコードを書けばいいだけです。フォルダ「practice11_2_1」の「js」フォルダのindex.jsに下のコードを記述してください。なお、プラグインの読み込みをおこなうコードは既に記述しているので不要です。

JavaScript

```
216 var BV = new $.BigVideo();
217 BV.init();
218 BV.show("../practice11_2_1/images/movie.mp4");
```

動画ファイルのパスを記述

コードを記述したら、HTMLをブラウザで表示してみましょう。

動画が背景で再生されているでしょうか？なお、サンプルファイルの動画は著作権の権利の都合上誌面と異なります。ご了承ください。

さて、このままだと一度しか動画が流れませんし、ページ下部にシークバー（動画の再生箇所）が表示されていて見栄えがよくありません。動画を連続再生（ループ）させましょう。また、連続再生（ループ）させることでシークバーも消えます。

JavaScript

```
216 var BV = new $.BigVideo();
217 BV.init();
218 BV.show("../practice11_2_1/images/movie.mp4",{ambient:true});
```

動画をループ再生させる

上記のコードに変更すると、動画は連続再生し、シークバーも消えます。

なお、本書で紹介しているブラウザ「Chrome」では BigVideoはローカル・サーバー上どちらも正常に動作しますが、「Safari」「Edge」だとサーバー上でしか正常に動作しません。ローカルで確認したい場合は「sample11_2_2_Safari-Edge」を利用してください。

その他の動きを追加してさらにダイナミックに

フォルダ「sample11_2_2」のサンプルではレイアウトを調整しつつ、追加でjQueryプラグインを利用し、動きをさらに付けています（ブラウザ「Safari」「Edge」はフォルダ「sample11_2_2_Safari-Edge」で確認して下さい）。

今回用意したWebサイトには以下のjQueryプラグインを追加しました。

・要素をフェードインさせる

Fade-in-Elements-Scroll	https://github.com/Ryan8765/Fade-in-Elements-Scroll

・テキストにアニメーションを付ける

textillate.js	https://textillate.js.org/

上記を実装したWebサイトをブラウザで表示すると以下のように、さらにダイナミックな見た目にすることが可能です。

いかがだったでしょうか？

あんな動きのWebサイトを作りたい、でも難しそう…と尻込みしてしまいそうな動きでも、これまでに学んだJavaScriptの知識やWeb API、jQueryプラグインなどを使って、理想のWebサイトやアプリケーションを作れるということが体感できたのではないでしょうか。

本書を読み終えた後も、オリジナルのプログラムやさらに進んだJavaScriptの知識を学ぶ際に、JavaScriptの基礎を忘れてしまった時は読み返してみてください。応援しています！

INDEX

記号

A

B

I

J

K

L

M

N

O

P

R

S

T

U

V

W

X

あ

か

さ

た

は

ま

や

ら

チートシート

算術演算子（Chapter2 Lesson4）

記号	説明
+	足し算
-	引き算
*	掛け算
/	割り算
%	剰余

エスケープシーケンス（Chapter2 Lesson5）

記号	説明
\n	改行
\t	タブ
\’	‘（シングルクオート）
\”	“（ダブルクオート）
\\	\（バックスラッシュ）

ダイアログボックス（Chapter2 Lesson7）

項目	コード
警告	alert()
確認	confirm()
入力	prompt()

比較演算子(Chapter3 Lesson3)

比較演算子	例	意味
>	A > B	AはBより大きい
>=	A >= B	AはB以上
<	A < B	AはBより小さい(未満)
<=	A <= B	AはB以下
===	A === B	AはBと等しい
!==	A !== B	AはBと等しくない

論理演算子(Chapter3 Lesson5)

論理演算子	例	意味
&&	A && B	AかつB
||	A || B	AまたはB
!	!A	Aではない

インクリメント演算子とデクリメント演算子(Chapter4 Lesson2)

項目	例	返す値	意味
++	i++ / ++i	iが0の場合1	iの値を1増やす
--	i-- / --i	iが0の場合-1	iの値を1減らす

DOM操作による要素へのアクセス(Chapter6 Lesson6)

記号	引数
getElementById("引数")	id
getElementsByClassName("引数")	Class
getElementsByTagName("引数")	要素名
getElementsByName("引数")	name属性
querySelector("引数")	セレクタ
querySelectorAll("引数")	セレクタ

イベントアクション(chapter7 Lesson1)

マウスアクション	
イベントタイプ	発生時
click	要素やリンクをクリックする時
mouseover	マウスカーソルが要素上にのった時
mousedown	マウスボタンが押下された時
mouseup	マウスボタンが離された時
mouseout	マウスカーソルが要素上から離れた時
マウスアクション	
イベントタイプ	発生時
keydown	キーが押されたとき(押し続けている間)
keypress	キーが押されたとき(押し続けている間)
keyup	キーを離したとき
INPUT アクション	
イベントタイプ	発生時
select	文字が選択されたとき
focus	フォーカスされたとき
blur	フォーカスが外れたとき
その他	
イベントタイプ	発生時
load	ページや画像などの読み込みが完了したとき
scroll	スクロールされたとき
resize	リサイズされたとき

jQuery

セレクタで使用できる記号 (Chapter9 Lesson4)

記号	例	意味
>	ul > li	ul要素の直下のli要素
,	ul,li	ul要素とli要素
+	ul + li	ul要素に隣接したli要素
半角スペース	ul li	ul要素の子要素以下であるli要素

要素を指定するメソッド (Chapter9 Lesson4)

メソッド	例	意味
parent()	$(li).parent()	li要素の親要素
children()	$(li).children ()	li要素の子要素
next()	$(li).next()	li要素の次の要素
prev()	$(li).prev()	li要素の前の要素
siblings()	$(li).siblings ()	li要素の同列の兄弟要素

イベント一例 (Chapter9 Lesson5)

イベント名	説明
click	要素を左クリックしたとき
mousedown	要素を押下したとき
mouseup	要素を押下し、離したときとき
mousemove	要素上で、マウスが動いたとき
mouseout, mouseleave	要素上から、マウスが離れたとき
mouseover,mouseenter	要素上から、マウスが乗ったとき
keydown,keypress	キーが押下されたとき
keyup	キーが離れたとき
scroll	画面がスクロールされたとき
load	データの読み込みが完了したとき
resize	ウィンドウのサイズが変更されたとき

ダウンロードファイルについて

本書サンプルファイルのダウンロードの方法について説明します。手順に沿ってダウンロードし、任意の場所に保存してご利用ください。

■著者紹介

ENTACL GRAPHICXXX（エンタクルグラフィックス）
ゲーム・アニメをはじめとしたエンターテインメント関連のリッチコンテンツの制作を主軸としたクリエイティブプロダクション。JavaScriptやCSS、HTML5、WebGLなどのフロントエンド技術を駆使したWebサイトを中心に、アプリ開発、ゲームソフト開発等、幅広い領域で活動。
執筆実績：「Web Designing: 実践講座 JavaScript」「現役エンジニアが教える基礎講座JavaScript77のサンプルで、サイト構築に必要なUIパーツの実装を学ぶ」他

本稿執筆担当：福永竜二・小平麻美
https://entacl.com/

装幀……新井 大輔
装幀イラスト……金安 亮
本文デザイン……坂本 伸二
本文イラスト……クニメディア株式会社
写真提供……Pixabay、iStock.com/KANAGU photo
編集……坂本 千尋

■本書サポートページ

https://isbn.sbcr.jp/95150/

本書をお読みいただいたご感想を上記URLからお寄せください。
本書に関するサポート情報やお問い合わせ受付フォームも掲載しておりますので、あわせてご利用ください。

本当（ほんとう）によくわかるJavaScript（ジャバスクリプト）の教科書（きょうかしょ）
はじめての人（ひと）も、挫折（ざせつ）した人（ひと）も、基礎力（きそりょく）が必（かなら）ず身（み）に付（つ）く

2018年 6月20日 初版第1刷発行
2019年 2月25日 初版第2刷発行

著 者……ENTACL GRAPHICXXX（エンタクルグラフィックス）
発行者……小川 淳
発行所……SBクリエイティブ株式会社
〒106-0032 東京都港区六本木2-4-5
TEL 03-5549-1201（営業）
http://www.sbcr.jp
印刷・製本……株式会社シナノ
組 版……クニメディア株式会社

落丁本、乱丁本は小社営業部（03-5549-1201）にてお取り替えいたします。定価はカバーに記載されております。

Printed in Japan ISBN 978-4-7973-9515-0